中国互联网发展报告 2019

中国网络空间研究院　编著

電子工業出版社
Publishing House of Electronics Industry
北京•BEIJING

内 容 简 介

本书系统地总结了25年来中国互联网的发展历程，展现了互联网对中国经济发展与社会进步带来的巨大影响，展示了中国人民从互联网发展的受益者、参与者到建设者、贡献者和网络空间发展与安全共同维护者的历程；客观地反映了2019年中国互联网发展成就、发展现状和发展趋势，系统地总结了中国互联网发展的主要经验，深入分析了中国在信息基础设施、网络信息技术、数字经济、电子政务、网络内容建设和管理、网络安全、网络空间法治建设、网络空间国际治理等方面的战略规划、政策举措、发展成效、实际水平和未来趋势；进一步完善了中国互联网发展指标体系，从6个方面对全国31个省（自治区、直辖市，不含港澳台）的网络安全和信息化工作进行综合评估，以期全面、准确地反映全国及各地互联网发展水平。

本书以习近平总书记关于网络强国的重要思想作为主线，汇集了国内互联网领域最新研究成果，使用最新案例和权威数据；内容丰富、重点突出，有助于广大读者更好地领会习近平总书记治网理念、思想和主张的丰富内涵、精神实质和实践要求，对政府管理部门、互联网企业、科研机构、高校等互联网领域从业人员全面了解和掌握中国互联网发展情况具有重要参考价值。

图书在版编目（CIP）数据

中国互联网发展报告. 2019 / 中国网络空间研究院编著. —北京：电子工业出版社，2019.10
ISBN 978-7-121-37411-1

Ⅰ. ①中… Ⅱ. ①中… Ⅲ. ①互联网络－研究报告－中国－2019 Ⅳ. ①TP393.4

中国版本图书馆CIP数据核字（2019）第197282号

责任编辑：郭穗娟
印　　刷：天津画中画印刷有限公司
装　　订：天津画中画印刷有限公司
出版发行：电子工业出版社
　　　　　北京市海淀区万寿路173信箱　　邮编　100036
开　　本：720×1000　1/16　印张：14.25　字数：224千字
版　　次：2019年10月第1版
印　　次：2019年10月第1次印刷
定　　价：198.00元

凡所购买电子工业出版社图书有缺损问题，请向购买书店调换。若书店售缺，请与本社发行部联系，联系及邮购电话：（010）88254888，88258888。

质量投诉请发邮件至zlts@phei.com.cn，盗版侵权举报请发邮件至dbqq@phei.com.cn。

本书咨询联系方式：（010）88254502，guosj@phei.com.cn。

前　言

2019 年是互联网诞生 50 周年，也是中国全功能接入国际互联网 25 周年。一年来，中国顺应时代发展潮流，深入推进网络强国建设，互联网发展取得一系列新进展新成就。我们编撰《中国互联网发展报告 2019》（以下简称《报告》），就是希望忠实地记录中国互联网发展历程，反映总体状况，总结实践经验，展现发展成绩，为读者了解和研究中国互联网发展提供较为丰富的资料和翔实的数据。《报告》主要有以下 3 个特点：

（1）贯通历史、现实和未来，深刻揭示互联网发展给中华民族伟大复兴带来的宝贵机遇。中国互联网已走过 25 年不平凡的发展历程，《报告》开篇增加“中国互联网发展 25 年”内容，旨在回溯和总结中国互联网 25 年的发展历程，全景展现中国互联网建设、运用、管理的理论和实践成果，特别是充分展现党的十八大以来在习近平总书记关于网络强国的重要思想指引下，中国互联网发展取得的历史性成就、发生的历史性变革。站在新的历史起点上，《报告》坚持以习近平新时代中国特色社会主义思想特别是习近平总书记关于网络强国的重要思想为指导，着眼于实现中华民族伟大复兴历史使命，展望中国互联网发展前景，希冀充分体现中国人民抓住信息革命历史机遇、加速向网络强国战略目标迈进的信心和决心。

（2）着眼示范、引导和激励，综合评估全国各省（自治区、直辖市，不含港澳台）的互联网发展状况。自 2017 年起，我们开始发布中国互联网发展指标指数。2019 年的相关评价指数在整体上与以往保持一致的基础上，结合新的发展和实际进行了调整和优化，进一步完善综合评价体系，科学核定数据来源。通过对全国31个省（自治区、直辖市，不含港澳台）的互联网发展情况进行综合评估，力求全面、客观、准确地反映各地互联网发展水平。特别是《报告》新增信息基础设施建设、创新能力、数字经济发展、互联网应用、网络安全和网络治理6方面分项评价指数前10位排名，为各地准确把握比较优势，全面推动互联网发展提供参考和借鉴。

（3）坚持实践导向、问题导向和目标导向，全景式展现中国互联网发展新成就、新经验和新趋势。2019年中国互联网发展的创造性实践为《报告》编写提供了丰富的素材、生动的案例和坚实的基础。《报告》立足于中国互联网发展实践，对信息基础设施建设、网络信息技术、数字经济、电子政务、网络内容建设和管理、网络安全、网络空间法治建设、网络空间国际治理等方面进行全领域、全景式分析，重点阐述了一年来中国互联网发展的新进展、新成果、新趋势，系统地展现了中国从网络大国向网络强国加速迈进的鲜活经验和创新做法。

我们期待，《报告》的编写和出版能够为中国互联网发展提供新动力，为读者了解中国互联网发展状况提供新窗口，为各国推动互联网发展提供新经验。这也是《报告》编撰工作的初心和使命。

中国网络空间研究院

2019年9月

目 录

中国互联网发展25年

互联网作为20世纪最伟大的发明之一，正在深刻改变着人类的生产生活，有力推动着经济社会发展，其发展速度之快、波及范围之广、影响程度之深，是其他科技成果难以比拟的。1994年，中国全功能接入互联网，成为接入国际互联网的第77个国家，从此中国发展与互联网紧密地结合在一起，中国与世界更加紧密地联系在一起。经过25年波澜壮阔的实践，中国迅速缩短了与发达国家的信息化差距，成为举世瞩目的网络大国。特别是党的十八大以来，中国做出了建设网络强国的重大战略部署，逐渐探索走出一条中国特色互联网发展之路，开启了中国互联网发展和治理的新篇章。当前，互联网已经广泛渗透到中国经济、政治、文化、社会等各领域，深刻改变了国家的面貌、人民的面貌以及中国在世界上的地位，为中华民族伟大复兴带来了宝贵的历史机遇。

应势而动，中国互联网全面繁荣发展

互联网自诞生以来，给生产力和生产关系带来的广泛变革是前所未有的，给经济社会发展和人们生产生活带来的重要影响是前所未有的，给国际政治经济格局带来的深刻调整是前所未有的，给国家安全带来的风险挑战是前所未有的，对不同文化和价值观的交流、交融、交锋产生的巨大冲击也是前所未有的。中国作为互联网的后来者，接入国际互联网只有25年，但这25年来，中国把发展互联网作为推进中国特色社会主义现代化建设事业的重大机遇，顺应信息革命潮流，把握互联网发展规律，正确处理安全和发展、开放和自主、管理和服务等关系，推动中国互联网健康快速发展，取得了举世瞩目的成就。

（1）中国互联网发展的25年是锐意改革、开拓进取的25年。中国互联网的发展是在改革开放的时代背景下开启的，也为进一步推动改革开放增添了新的动力。25年来，中国秉承改革创新精神，积极营造有利于互联网发展的政策、法律和市场环境，不断完善互联网管理领导体制，大力推动互联网在中国的快速发展和广泛应用，积极探索、锐意进取，不断实现新的突破、创造新的奇迹。

（2）中国互联网发展的25年是引领发展、驱动转型的25年。中国互联网紧紧围绕国家创新驱动战略，充分发挥信息化的驱动引领作用，始终将信息技术创新和产业进步作为发展的原动力。25年来，中国在信息领域取得了一系列技术创新成果，5G、高性能计算、量子通信等技术研究实现突破，建成了全球最大规模的互联网基础设施，固定光纤网络覆盖范围全球第一、4G网络规模全球第一、宽带用户数量全球第一、网民数量全球第一；网络走进千家万户，一批优秀互联网企业跻身世界前列；数字经济成为经济发展的新引擎和新亮点，规模居全球第二，全方位驱动了中国经济高质量发展。

（3）中国互联网发展的25年是服务社会、造福人民的25年。中国始终把惠及近14亿中国人民作为互联网发展的根本宗旨，致力于通过发展互联网不断满足人民日益增长的美好生活需要。25年来，互联网已经融入中国社会生产生活的方方面面，越来越成为人们学习、工作、生活的新空间，显著提升了国家治理能力和社会治理水平，有力促进了教育、文化、交通、医疗卫生等公共服务水平的提升；互联网已成为人们生产、传播、获取信息的主渠道，在更广范围推动着思想、文化、信息的传播和共享，极大地丰富了人民群众的精神文化生活，网络空间成为亿万民众共同的精神家园，人民群众在共享互联网发展成果上有了更多的获得感、幸福感、安全感。

（4）中国互联网发展的25年是依法治理、保障安全的25年。网络安全问题是互联网与生俱来的重大问题。25年来，中国互联网坚持依法治理，坚决守住网络安全底线，将法律规制、行政监管、行业自律、技术保障、公共监督、社会教育结合起来，充分调动各方面力量共同维护网络安全和网络空间秩序，不断净化网络生态，有效应对各类网络安全威胁，全面推进网络空间法治化，坚决依法打击各类网络违法犯罪活动，维护人民群众的合法权益，确保中国互联网始终健康有序地发展。

（5）中国互联网发展的25年是开放合作、互利共赢的25年。互联网让世界变成了地球村，让世界越来越成为你中有我、我中有你的命运共同体。25年来，中国始终坚持统筹国内国际大局，深入开展网络空间国际交流合作，广泛吸纳世界各国的技术、人才、资本、管理等资源要素推动互联网发展，积极参与网络空间国际治理，在推动建立更加公正合理的全球互联网治理体系中发挥了重要作用，为世界互联网发展治理贡献了中国智慧、中国经验。

因势而谋，加快向网络强国战略目标迈进

党的十八大以来，习近平总书记高度重视网络安全和信息化工作，提出了建设网络强国的战略目标，并从信息时代发展大势和国内国际发展大局出发，紧密结合中国互联网发展治理实践，就网络安全和信息化工作提出了一系列新理念新思想新战略，系统地阐述了事关网络安全和

信息化发展的重大理论和实践问题，形成了关于网络强国的重要思想。习近平总书记关于网络强国的重要思想，明确了网信工作在党和国家事业全局中的重要地位，明确了网络强国建设的战略目标、原则要求、国际主张和基本方法。这一重要思想是习近平新时代中国特色社会主义思想的“网络篇”，是对中国特色治网之道的科学总结和理论升华，是引领网信事业发展的思想遵循和行动指南，在中国网信事业发展的生动实践中日益彰显出强大力量，指引中国主动适应和引领新一轮科技革命和产业变革的浪潮，加速从网络大国向网络强国迈进，推动网信事业取得了历史性成就、发生历史性变革。

在这一重要思想的指引下，中国加强统筹协调和顶层设计，推动互联网管理领导体制改革，成立了中央网络安全和信息化领导小组，2018 年该领导小组又改名为中央网络安全和信息化委员会，以加强对网络内容建设和管理、网络安全、信息化发展和网络空间国际治理等方面重大问题的统筹协调，出台了一系列战略性、制度性文件，完善网信工作体制机制，形成推动网信工作的强大合力。

在这一重要思想的指引下，中国加强网络内容建设和管理，坚持正能量是总要求、管得住是硬道理、用得好是真本事，积极培育和践行社会主义核心价值观，大力发展积极健康向上的网络文化，为人民群众营造良好的网络生态，构筑网上网下同心圆，为实现中华民族伟大复兴提供精神动力和文化支撑。

在这一重要思想的指引下，中国着力构建网络安全保障体系，不断加强关键信息基础设施安全保护，强化数据安全保护，制定并实施《中华人民共和国网络安全法》（以下简称《网络安全法》），提高广大人民群众网络安全防护意识和技能，夯实网络安全基础，有力维护了国家网络空间安全和利益。

在这一重要思想的指引下，中国充分发挥信息化驱动引领作用，加快信息领域核心技术自主创新，大力发展数字经济，推动互联网和实体经济深度融合，积极推动信息服务便民惠民，深入推进“互联网+”行动，推进电子政务健康发展，统筹实施网络扶贫，让互联网更好地造福社会、造福人民。

在这一重要思想的指引下，中国加强网络空间国际交流与合作，围绕习近平总书记提出的推进全球互联网治理体系变革“四项原则”和构建网络空间命运共同体“五点主张”，主动参与和引领网络空间国际治理进程，推动构建网络空间命运共同体，中国在网络空间的国际话语权和影响力不断提升。

顺势而为，牢牢把握信息化发展机遇

从社会发展史看，人类经历了农业革命、工业革命，当前正在经历信息革命。农业革命增强了人类生存能力，使人类从采食捕猎走向栽种畜养，从野蛮时代走向文明社会。工业革命拓宽了人类体力，以机器取代了人力，以大规模工厂化生产取代了个体工场手工生产。而信息革命则增强了人类脑力，带来生产力又一次质的飞跃，加速了劳动力、资本、能源、信息等要素的流动和共享，对国际经济、政治、文化、社会、生态、军事等领域产生了深刻影响。

农业时代，中国曾经是世界强国，顺风顺水、独领风骚，但在欧洲发生工业革命、世界发生深刻变革的时期，丧失了与世界同进步的历史机遇，逐渐落到了被动挨打的境地。特别是在鸦片战争之后，中华民族更是陷入积贫积弱、任人宰割的悲惨状况。建设富强、民主、文明、和谐、美丽的社会主义现代化强国，实现中华民族伟大复兴，是近代以来中国人民最伟大的梦想，是中华民族的最高利益和根本利益。经过几代人的努力，中国在短时间内走过了发达国家几百年的现代化历程，终于大踏步赶上了时代，创造了人类社会发展史上的奇迹。中国特色社会主义进入新时代，迎来了从站起来、富起来到强起来的伟大飞跃。中国现在比历史上任何时期都更接近、更有信心和能力实现中华民族伟大复兴的中国梦。

当前，信息时代人类科学技术伟大革命和中华民族伟大复兴发生历史性交汇，为中国发展的重要战略机遇期增添了新内涵，这是中华民族的一个重要历史机遇。站在新一轮科技革命和产业革命蓬勃发展的历史方位，有习近平新时代中国特色社会主义思想特别是习近平总书记关于网络强国的重要思想的科学指引，有中国互联网发展 25 年历史性成就奠定的坚实基础，有 8 亿多网民、近 14 亿人民聚合起来的磅礴之力，中国互联网一定能够抓住信息革命历史机遇，加速向网络强国战略目标迈进，为实现“两个一百年”奋斗目标和中华民族伟大复兴做出应有贡献。

总　论

当前，以互联网、大数据、人工智能为代表的现代信息技术日新月异，新一轮科技革命和产业变革蓬勃发展，数字化、网络化、智能化加速推进，推动社会生产力发生新的飞跃，在更广范围、更高层次、更深程度上提升了人类认识世界、改造世界的能力。信息时代人类科学技术伟大革命和中华民族伟大复兴发生了历史性交汇，为中国发展的重要战略机遇期增添了新内涵，中国进入了网信事业快速发展的新阶段。

2019 年是新中国成立 70 周年，是全面建成小康社会的关键之年，也是互联网诞生 50 周年、中国全功能接入国际互联网 25 周年。25 年来，中国立足基本国情，紧扣时代脉搏，积极吸收、借鉴世界各国互联网发展的经验做法，中国互联网从无到有、从小到大、由大渐强，取得了举世瞩目的发展成就。特别是党的十八大以来，以习近平同志为核心的党中央高度重视网络安全和信息化工作，网络强国建设战略目标更加清晰、工作举措更加有力、发展步伐更加坚实，网信工作在党和国家事业全局中的地位进一步凸显，网信事业发展取得历史性成就、发生历史性变革。当前，开局起步阶段已经跨越，夯基垒台工作初步完成，网信事业进入全面强化、加速提升的新阶段。2019 年，面对新形势新阶段新任务，中国互联网发展坚持以习近平新时代中国特色社会主义思想特别是习近平总书记关于网络强国的重要思想为指导，不断加强网络内容建设和管理，提升网络安全保障能力，发挥信息化驱动引领作用，积极参与网络空间国际治理与合作，网络强国、数字中国、智慧社会建设加速推进，为党和国家事业发展做出了积极贡献、提供了有力保障。

一、2019年中国互联网发展取得新成就新进展

2019 年，在习近平新时代中国特色社会主义思想特别是在习近平总书记关于网络强国的重要思想指导下，中国牢牢把握信息化发展的历史机遇，加快网络基础设施发展，增强网络信息技术自主创新能力；大力发展数字经济，推动信息惠民为民，加强网络内容建设和管理，着力提升网络安全保障能力；深化网络空间国际交流合作，推动互联网发展取得一系列新成就。

（一）信息基础设施优化升级

习近平总书记强调，要加强信息基础设施建设，把新一代信息基础设施作为当前投资的重点领域，加快建成高速、移动、安全、泛在的新一代信息基础设施，提升传统基础设施智能化水平，形成适应智能经济、智能社会需要的基础设施体系。中国把握信息化发展趋势，持续推进信息基础设施建设，加快实施“宽带中国”战略，深入落实“提速降费”政策，不断加强高速宽带网络建设，网络结构持续优化，网络性能显著提升，互联网关键资源拥有量位居世界前列。全国超过 90%的宽带用户使用光纤接入，居全球首位，截至 2019 年 6 月，光纤接入用户规模达 3.96 亿户，占互联网宽带接入用户总数的 91%[1]。中国固定互联网宽带接

[1] 数据来源：工业和信息化部。

入用户持续向高速率迁移，百兆以上宽带用户占比稳步提升，固定互联网宽带接入用户总数达 4.35 亿户。移动互联网快速发展，移动通信基站总数达 732 万个，其中 4G 基站总数为 445 万个，占比为 60.8%[1]。2019 年 6 月 6 日，5G 商用牌照发放，中国正式进入 5G 商用元年。互联网关键资源拥有量大幅增长，IPv6 规模部署工作加快推进，国家域名保障体系更加完善，截至 2019 年 6 月，中国 IPv4 地址数量为 38 598 万个[2]，IPv6 地址数量为 50 286 块/32 个，较 2018 年年底增长 14.3%，已跃居全球第一位；IPv6 活跃用户数达 1.3 亿户，基础电信运营商已分配 IPv6 地址用户数 12.07 亿户[3]，丰富的 IP 地址资源为互联网快速发展提供了良好支撑；域名总数为 4 800 万个，其中，“.CN”域名总数为 2 185 万个，占中国域名总数的 45.5%[4]。新型基础设施部署进展加速，全球最大窄带物联网的（NB-IoT）网络已经建成，增强机器类通信（eMTC）网络部署正在推进。

（二）网络信息技术自主创新能力不断增强

习近平总书记强调，关键核心技术是国之重器，对推动中国经济高质量发展、保障国家安全具有十分重要的意义，要以关键共性技术、前沿引领技术、现代工程技术、颠覆性技术创新为突破口，努力实现关键核心技术自主可控。中国深入实施创新驱动发展战略，大力推进互联网技术产业自主创新能力建设，加快人工智能、量子计算、神经网络芯片等前沿技术发展，在高性能计算、软件技术、集成电路技术、云计算、

[1] 数据来源：工业和信息化部。

[2] 数据来源：CNNIC 中国互联网络信息中心发布的第 44 次《中国互联网络发展状况统计报告》，2019 年 8 月 30 日，见 http://www.cnnic.net.cn/hlwfzyj/hlwxzbg/hlwtjbg/201908/t20190830_70800.htm。

[3] 数据来源：推进 IPv6 规模部署专家委员会发布的《中国 IPv6 发展状况》。

[4] 数据来源：工业和信息化部。

大数据等多个领域实现突破。持续加大研发投入力度，在物联网操作系统、专用集成电路（ASIC）芯片等领域实现突破，新一代百亿亿次超级计算机的原型机研制完成。网络信息领域前沿技术和非对称技术的研发和应用取得重要进展，人工智能芯片已达到 7nm 工艺制程，智能硬件计算平台层出不穷，量子密钥分发协议达到国际领先水平。边缘计算逐步实现技术落地和生态构建，虚拟现实获得与传统行业加速融合发展的新机遇。2018 年，中国云计算规模达 963 亿元，比 2017 年增长 39.2%[1]；大数据产业规模为 5 405 亿元，比 2017 年增长 15%。各大互联网企业、信息设备制造商、运营商成为信息技术研发的重要力量，推动人工智能、物联网、边缘计算、虚拟现实等前沿热点技术落地应用加速。

（三）数字经济发展充满活力

习近平总书记强调，网信事业代表着新的生产力和新的发展方向，应该在践行新发展理念上先行一步，要推进互联网、大数据、人工智能同实体经济深度融合，做大做强数字经济，加快推动数字产业化[2]和产业数字化[3]，释放数字对经济发展的放大、叠加、倍增作用。中国全面推动互联网与经济的深度融合，电子商务、互联网信息服务业蓬勃发展，互联网与产业融合发展的新模式、新业态不断涌现，为经济发展的结构优化、动力转换提供了新动能。2018 年，中国数字经济规模达 31.3 万亿元，

---

[1] 数据来源：中国信息通信研究院发布的《云计算发展白皮书 2019》。

[2] 数字产业化：即信息通信产业，具体包括电子信息制造业、电信业、软件和信息技术服务业、互联网行业等。定义来源于中国信息通信研究院发布的《中国数字经济发展与就业白皮书（2019 年）》。

[3] 产业数字化：即传统产业由于应用数字技术所带来的生产数量和生产效率的提升，其新增产出构成数字经济的重要组成部分。定义来源于中国信息通信研究院发布的《中国数字经济发展与就业白皮书（2019 年）》。

占国内生产总值（GDP）的比重达 34.8%[1]，数字经济已成为中国经济增长的新引擎。从结构上看，2018 年数字产业化规模为 6.4 万亿元，进入稳步增长期；产业数字化规模增长迅猛，达到 24.9 万亿元[2]，数字经济与实体经济的融合不断深化。电子商务蓬勃发展，2018 年中国电子商务交易额达 31.6 万亿元，比 2017 年增长 8.5%；电子商务服务业营业收入规模为 3.5 万亿元，比 2017 年增长 20.3%[3]。2019 年年初《中华人民共和国电子商务法》正式实施，电子商务行业迎来规范发展新阶段，网络购物、网络支付等领域逐步做到了有法可依，市场行为更加规范，消费者权益得到更好保障。2019 年上半年中国网上零售交易额达 4.82 万亿元，同比增长 17.8%[4]。数字经济的蓬勃发展催生了大量新业态、新职业，成为优化就业结构、实现稳就业目标的重要渠道。网络直播、共享经济等数字经济新模式拉动灵活就业人数快速增加。2018 年，中国数字经济领域就业岗位达到 1.91 亿个，占全年总就业人数的 24.6%[5]。

（四）信息惠民为民加速推进

习近平总书记强调，网信事业发展必须贯彻以人民为中心的发展思想，把增进人民福祉作为信息化发展的出发点和落脚点，让人民群众在信息化发展中有更多获得感、幸福感、安全感。截至 2019 年 6 月，中国网民规模为 8.54 亿人，互联网普及率达 61.2%，网站数量为 518 万个[6]。

---

1 数据来源：国家互联网信息办公室发布的《数字中国建设发展报告（2018 年）》。

2 数据来源：中国信息通信研究院。

3 数据来源：商务部发布的《中国电子商务报告 2018》。

4 数据来源：CNNIC 中国互联网络信息中心发布的第 44 次《中国互联网络发展状况统计报告》，2019 年 8 月 30 日，见 http://www.cnnic.net.cn/hlwfzyj/hlwxzbg/hlwtjbg/201908/t20190830_70800.htm。

5 数据来源：中国信息通信研究院发布的《中国数字经济发展与就业白皮书（2019 年）》。

6 数据来源：CNNIC 中国互联网络信息中心发布的第 44 次《中国互联网络发展状况统计报告》，2019 年 8 月 30 日，见 http://www.cnnic.net.cn/hlwfzyj/hlwxzbg/hlwtjbg/201908/t20190830_70800.htm。

随着网络直播、网络音乐、网络教育等互联网应用进一步蓬勃发展，高质量、个性化的内容不断涌现，短视频、视频博客（Vlog）等新型娱乐呈现形式不断推出，越来越多的群众得以共享优质的教育文化资源。截至 2019 年 6 月，网络直播、网络音乐、网络视频等应用的用户规模半年增长均超过 3 000 万人，在线教育用户规模达 2.32 亿人，半年增长率为 15.5%[1]，极大满足了人民群众的教育文化娱乐需求。中国高度重视利用信息化手段推动在线政务发展，积极推动“中国政务服务平台”上线运行，人民群众的知情权和满意度得到极大提升。截至 2019 年 6 月，互联网政务服务用户规模达 5.09 亿人，占网民整体的 59.6%。全国 31 个省（自治区、直辖市）、新疆生产建设兵团和 40 多个国务院部门已经全部接入网上政务服务平台，推动更多服务事项“一网通办”[2]。

（五）网络内容建设和管理不断加强

习近平总书记强调，要坚持正能量是总要求，管得住是硬道理，用得好是真本事，科学认识网络传播规律，准确把握网上舆情生成演化机理，不断推进工作理念、方法手段、载体渠道、制度机制创新，提高用网治网水平，使互联网这个最大变量变成事业发展的最大增量。中国不断加强网上内容建设和管理，积极弘扬正能量，深入宣传习近平新时代中国特色社会主义思想和党的十九大精神，深入宣传新中国成立 70 年来的巨大成就特别是党的十八大以来取得的新成绩新进展。持续做好网上

---

[1] 数据来源：CNNIC 中国互联网络信息中心发布的第 44 次《中国互联网络发展状况统计报告》，2019 年 8 月 30 日，见 http://www.cnnic.net.cn/hlwfzyj/hlwxzbg/hlwtjbg/201908/t20190830_70800.htm。

[2] 数据来源：CNNIC 中国互联网络信息中心发布的第 44 次《中国互联网络发展状况统计报告》，2019 年 8 月 30 日，见 http://www.cnnic.net.cn/hlwfzyj/hlwxzbg/hlwtjbg/201908/t20190830_70800.htm。

重大主题宣传策划，深化中国特色社会主义和中国梦的宣传教育，培育和践行社会主义核心价值观，培育积极健康、向上向善的网络文化，用社会主流思想价值和道德文化滋养人心、滋润社会。大力推进网上宣传理念、内容、形式、方法、手段创新，深耕网上内容，注重网民体验，不断提升新闻舆论传播力、引导力、影响力和公信力。研究制定了《关于加快建立网络综合治理体系的意见》，推动建立涵盖领导管理、正能量传播、内容管控、社会协同、网络法治、技术治网等各方面的网络综合治理体系，全方位提升网络综合治理能力。试点上线并不断扩大青少年防沉迷系统，有力促进了青少年健康上网。积极开展打击网络侵权盗版"剑网 2019"专项行动，部署开展"净网 2019""护苗 2019""秋风 2019"等专项行动。健全完善违法违规信息和网站联动处置机制，健全举报工作机制。2019 年上半年，各级网络举报部门共受理举报 6 857.9 万件，较 2018 年同期增长 8.9%[1]，积极营造清朗的网络空间。

（六）网络安全保障能力稳步提升

习近平总书记强调，没有网络安全就没有国家安全，就没有经济社会稳定运行，广大人民群众利益也难以得到保障。面对严峻复杂的网络安全态势，中国加强网络安全保障体系建设，构筑全方位网络安全防线，提升网络安全保障能力和水平，有效应对和化解网络安全威胁。统筹推进关键信息基础设施保护，研究制定关键信息基础设施安全防护框架，深入开展网络安全大检查。强化数据安全管理，健全数据安全防护措施，扎实推进大数据安全保障工程。加大个人信息保护力度，深入开展 App

[1] 数据来源：CNNIC 中国互联网络信息中心发布的第 44 次《中国互联网络发展状况统计报告》，2019 年 8 月 30 日，见 http://www.cnnic.net.cn/hlwfzyj/hlwxzbg/hlwtjbg/201908/t20190830_70800.htm。

违法违规收集使用个人信息专项治理，积极规范个人数据收集行为。强化信息安全漏洞管理。2019 年上半年国家信息安全漏洞共享平台收录通用型安全漏洞 5 859 个，同比减少 24.4%，其中高危漏洞收录数量 2 055 个，同比减少 21.2%[1]。加快推进出台《网络安全法》相关配套法规文件，发布《儿童个人信息网络保护规定》，这是中国第一部专门针对儿童网络保护的立法。

（七）网络空间国际交流合作进一步深化

习近平总书记强调，各国应该深化务实合作，以共进为动力、以共赢为目标，走出一条互信共治之路，让网络空间命运共同体更具生机活力。中国坚持以习近平总书记提出的“四项原则”“五点主张”为指引，全面加强网络空间国际交流与合作，不断为全球互联网发展治理贡献中国方案。连续成功举办 5 届世界互联网大会，扩大品牌效应，搭建合作平台，中国同其他国家政府、社会组织、企业等签署了一系列合作协议。加强理念阐释，发布“网络空间命运共同体”概念文件，进一步推动网络空间的合作交流。依托联合国互联网治理论坛（IGF）、互联网名称与数字地址分配机构（ICANN）、世界经济论坛（WEF）等平台，深度参与网络空间国际治理多边活动。巩固和推进网络空间交流合作，继续做好中美、中俄、中欧等双边交流合作，深化同新兴市场国家、发展中国家网信合作交流。深入推进同“一带一路”沿线国家的数字经济和信息化建设合作，推动“一带一路”数字经济国际合作倡议落实。

---

[1] 数据来源：CNNIC 中国互联网络信息中心发布的第 44 次《中国互联网络发展状况统计报告》，2019 年 8 月 30 日，见 http://www.cnnic.net.cn/hlwfzyj/hlwxzbg/hlwtjbg/201908/t20190830_70800.htm。

二、全国各省（自治区、直辖市）互联网创新发展、成效显著

《中国互联网发展报告》自2017年起开始发布中国互联网发展指数，今年继续予以发布。中国互联网发展指数以习近平总书记关于网络强国的重要思想为指导，旨在通过构建客观、真实、准确的综合评价指标体系，对全国31个省（自治区、直辖市，不含港澳台地区）互联网发展成效和水平进行综合评估，为各地进一步明确互联网发展的战略目标和重点，准确把握自身比较优势、地域优势和发展优势，推动网信事业朝着网络强国建设目标迈进提供借鉴。

中国互联网发展指数涵盖了信息基础设施建设、创新能力、数字经济发展、互联网应用、网络安全和网络治理6方面，由这六大指数加权得出，全面展现全国31个省（自治区、直辖市）的互联网发展状况，为各省（自治区、直辖市）发展互联网提供可量化的参考依据。2019年的评价指数基于2018年的指标体系，综合考虑了各地互联网发展的具体情况，充分吸纳了国家有关部门、部分省市、网信智库、相关领域专家的意见，进行了更新和完善。一是保持一级指标不变，对二级指标进行了微调，采取了总量指标和人均指标相结合、定性指标和定量指标相结合的综合评价设计理念；二是对本次指标权重设定进行改进，通过问卷调研，征集相关领域专家对各项指标重要性的评估，采用层次权重决策分析法，最终分析得出各项指标的权重，提升了指标体系的权威性、科学性、准确性。其中，信息基础设施建设由10%调整为18%，创新能力权重由20%调整为18%，数字经济发展权重由20%调整为19%，互联网应

用权重由25%调整为18%，网络安全权重由13%调整为15%，网络治理权重仍为12%，如总论表1所示。

总论表1　中国互联网发展指标体系

一级指标	权重	二级指标	指标说明
信息基础设施建设	18%	宽带基础设施	各地互联网宽带接入人均端口数量、光纤宽带占比、宽带网络速率等
		移动基础设施	4G网络用户下载速率及4G移动电话用户占比等
创新能力	18%	创新环境	累计孵化企业数、研究与试验发展人员数量、人均GDP等
		创新投入	地方财政科技支出占比、科学研究与试验发展（R&D）经费支出占GDP比重、企业R&D研究人员占比等
		创新产出	万人科技论文数、国家级科技成果奖项数、万人发明专利拥有量等
数字经济发展	19%	基础指标	互联网上网人数、电信业务总量、信息传输和信息技术服务业增加值占比等
		融合指标	智能制造就绪率、关键工序数控化率、生产设备数字化率等
		产业指标	电子商务消费占消费支出比重、大数据产业以及人工智能科技产业发展情况、“中国互联网企业100强”数量、独角兽企业数量等
互联网应用	18%	个人应用	移动电话普及率、社交应用、视听影音应用及生活服务应用使用率等
		企业应用	工业云平台应用率、网络化协同企业比例、服务制造企业比例、有电子商务交易活动的企业比重等
		公共应用	省级政府网上政务服务能力、每百名在校生拥有网络多媒体教室数量等
网络安全	15%	网络安全环境	计算机恶意程序被控数量、感染主机占本地区活跃IP地址数量比例、IoT恶意代码受控设备IP地址分布等
		网络安全意识建设	网络安全搜索指数、网络安全咨讯指数、网络安全自媒体阅读量等
		网络安全产业发展	网络安全企业数量、“网络安全100强企业”数量等
网络治理	12%	网络管理机构建设	省级网信部门设置情况、网络社会组织数量等
		融媒体建设	政务微博认证账号数、省级政务微信传播指数、政务头条号数量等
		网络治理制度建设	出台的省市级法规、政策和行动计划数量、互联网信息许可数量等

为确保数据的真实性、完整性、准确性，2019 年中国互联网发展指数的评价数据主要有以下来源：一是中央网信办、国家统计局、工业和信息化部、科技部、CNNIC 等部门和机构的统计数据和指数；二是各省（自治区、直辖市）网信办统计的相关数据。

（一）2019 年中国互联网发展指数综合排名情况

基于中国互联网发展指标体系，2019 年全国 31 个省（自治区、直辖市）的互联网发展指数综合排名前十的名单如总论图 1 所示。从图中可以看出，北京、上海、广东、浙江等经济发达地区的互联网发展水平最高，中西部地区也在加大发展力度，发展势头强劲。

总体来看，党的十八大以来，各省（自治区、直辖市）深入贯彻落实习近平总书记关于网络强国的重要思想，认真落实中央部署要求，切实加强网上内容建设管理、网络安全保障、信息化发展等各项工作，并结合本地实际，创新发展思路，进行了一系列具有各地特色的创新实践，取得了显著成效。在中国互联网发展指数综合排名中，北京、上海、广东、浙江、江苏、山东、天津、福建、四川、湖北 10 个省（直辖市）互联网发展水平位居全国前列。

北京大力加强信息基础设施建设，强化产业融合，加大创新投入，快速推进大数据及人工智能的发展，全面推进大数据、物联网、云计算等技术的融合应用，重视网络环境建设，网络安全企业数量居全国首位。

上海全面推进智慧城市建设，加速技术研发与创新产业发展，互联网信息服务与电子商务发展稳步上升，国际化发展全面加速，互联网便民服务效果日益优化，互联网行业市场规模稳步攀升。

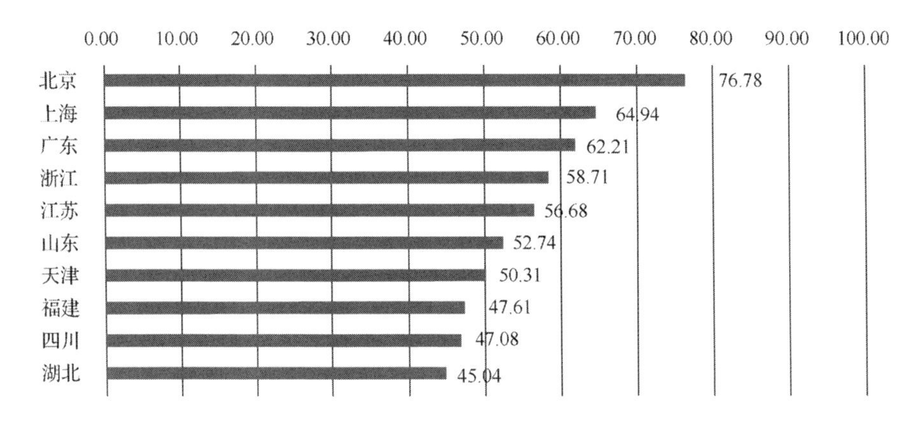

总论图 1　2019 年全国 31 个省（自治区、直辖市）的互联网发展指数综合排名前十的名单

广东率先发展 5G，大力推进“5G+”的应用与发展；软件产业规模发展成果显著，居全国首位；开展大数据应用示范，大力推进制造业发展，建立人工智能产业集聚区，在人工智能、人脸识别、无人驾驶、智能医疗等新兴产业领域不断创业发展；通过推出“粤省事”小程序，加速“互联网+政务服务”建设。

浙江率先实现 4G 网络和光纤网络城乡全覆盖，网络基础信息技术快速发展，以新型智慧城市应用带动云计算、大数据、物联网、人工智能创新突破，深入实施数字经济“一号工程”，引领工业经济高质量发展；数字信息平台建设不断完善，数字政府建设成效显著，“最多跑一次”改革向纵深发展，互联网普惠教育走在全国前列。

江苏积极推动技术研发与创新，截至 2019 年 6 月，全省信息技术领域专利累计有效数量为 50 367 个，电子商务高速发展，“一村一品一店”

建设深入推进，物联网产业优势明显，在全球20多个国家承建或参建应用互联网应用项目，两化融合指数位居全国前列，政务服务网络建设高标准推进。

山东优化信息产业生态体系，布局重大科技创新平台，强化网络环境建设，加快高层次互联网人才集聚，助力互联网人才培养；智能制造发展迅速，国家级智能制造试点项目数量位居全国前列；工业互联网平台发展态势良好，探寻出适合发展的制造业与互联网融合发展道路。

天津大力鼓励互联网企业持续推进产品创新和技术创新，加快创新要素向企业聚集；推动两化融合管理体系建设，聚焦研发、设计、生产、管理、营销等重点领域，在制造业与互联网融合；大力扶持智能制造企业，形成自动化、数字化、信息化、智能化多维度梯次培育机制。

福建积极实施数字经济领跑行动，大力实施互联网与行业融合创新试点，全省323家企业通过国家量化融合管理体系贯标评定，位居全国前列，在全国率先启动建设国家健康医疗大数据平台和安全服务平台，网络安全治理成果显著。

四川全面推进千兆光网建设，稳步推进电子商务产业和软件与信息服务业发展，加速完善政务基础网络建设，积极搭建工业互联网创新平台，加快推动产业数字化转型，在两化融合方面取得积极进展。

湖北加速互联网工业平台建设，完善产业生态体系建设，重视强化安全保障能力，在IPv6建设中走在全国前列，将“突破核心技术”作为重要工作任务，明确了重点突破芯片、5G、新型显示、光通信等核心技术，大力提升“互联网+产业”发展环境和基础条件，不断催生新业态、新模式，推动传统企业升级。

（二）分项评价指数排名情况

基于中国互联网发展指标体系，在信息基础设施建设、创新能力、数字经济发展、互联网应用、网络安全和网络治理 6 方面的指数排名前十的省（自治区、直辖市）名单见总论表 2。

总论表 2　分项评价指数排名前十的省（自治区、直辖市）名单

排　名	信息基础设施建设指数	创新能力指数	数字经济发展指数	互联网应用指数	网络安全指数	网络治理指数
1	北京	北京	北京	北京	广东	山东
2	上海	上海	上海	浙江	北京	河北
3	江苏	天津	广东	上海	上海	西藏
4	浙江	江苏	浙江	江苏	福建	北京
5	福建	广东	江苏	广东	四川	江苏
6	广东	浙江	山东	山东	江苏	浙江
7	辽宁	安徽	四川	四川	浙江	广东
8	天津	湖北	天津	贵州	湖北	河南
9	山东	山东	福建	重庆	天津	四川
10	宁夏	陕西	重庆	福建	重庆	内蒙古

1. 信息基础设施建设指数排名

各地高度重视信息基础设施建设，着力优化和提升网络品质，积极推进 5G 试商用部署与 IPv6 规模部署，逐步形成了高速畅通、覆盖城乡、服务便捷的宽带和移动网络基础设施及服务体系。其中，北京、上海、江苏、浙江、福建、广东、辽宁、天津、山东、宁夏位居全国前十名。2018 年，北京人均互联网宽带接入端口数量位居全国第一，达到 96.92 个/百人[1]。上海的固定宽带网络和 4G 网络用户平均下载速率位居

[1] 数据来源：北京网信办。

全国第一。江苏加速推进新一代信息基础设施建设，加大对信息基础设施的投入，全省光缆线路长达353万千米，位居全国第一，100%行政村通光纤[1]。浙江率先完成全省“光网城市”建设，光纤到户覆盖家庭数量位居全国前列，骨干网络能力全面提升。

2. 创新能力指数排名

各地不断投入资金和人力支持创新技术研发，积极推动以人工智能、大数据为代表的新一代信息技术创新研发与突破，前沿技术取得了新的进展。其中，北京、上海、天津、江苏、广东、浙江、安徽、湖北、山东、陕西位列全国前十。北京已经发展为中国高新技术创新高地，其在创新投入、创新环境和创新产出等多个指标上均位居全国第一。天津加强新型虚拟化技术、人工智能关键技术、区块链核心技术的攻关力度，大力推进制造业与互联网融合，发挥优势打造“天津智港”。陕西系统推进工业互联网基础建设和数据资源管理体系建设，推进本土自主创新网信企业集群建设，多家企业在行业内具有一定竞争优势和影响力。

3. 数字经济发展指数排名

各地高度重视数字经济发展，出台了促进数字经济和数字产业发展的相关规划和行动计划，加快推动数字产业化、产业数字化，制造业信息化成效显著。其中，北京、上海、广东、浙江、江苏、山东、四川、天津、福建、重庆位列全国前十，均高于全国平均水平。2018年，北京拥有全国最多的“互联网 100 强企业”和“独角兽企业”，分别达到32家[2]和87家[3]。上海电子商务发展快速稳健，电子商务规模持续保持全

---

[1] 数据来源：江苏网信办。

[2] 数据来源：中国互联网协会发布的《2018年中国互联网企业100强》。

[3] 数据来源：前瞻产业研究院发布的《2018年中国独角兽企业研究报告》。

国领先。广东软件产业规模首次突破万亿元，位居全国首位；2018年，广东软件出口267.3亿美元，占全国比重52.4%[1]。重庆深入实施以大数据智能化为引领的创新驱动发展战略行动计划，智能产业发展态势良好。

4. 互联网应用指数排名

各地高度重视互联网产业以及互联网与各行业深度融合发展，互联网各产业保持快速增长态势，互联网与工业融合持续发展，互联网与政务、教育等公共服务领域深度融合，成效显著。其中，北京、浙江、上海、江苏、广东、山东、四川、贵州、重庆、福建位列全国前十。在互联网个人应用指标中，截至2018年年底，北京的移动电话普及率位居全国第一，互联网社交应用、视听影音应用和生活服务应用使用率位居全国前列。浙江积极推进制造业数字化建设，服务业数字化转型不断深化，在互联网企业应用指标中位居全国第一。广东积极推进政府信息化和电子政务发展，在全国率先推出集成民生服务的小程序“粤省事”，其网上政务服务能力位居全国第一。福建以数字福建为基础，大力推进智慧城市建设，城市治理智慧化水平不断提升。

5. 网络安全指数排名

各地对网络安全工作高度重视，积极推进网络安全防护能力建设，持续提升网络安全保障能力，不断完善健全网络安全应急制度，开展丰富多彩的网络安全宣传活动，积极推进网络安全产业快速发展。其中，广东、北京、上海、福建、江苏、四川、浙江、湖北、安徽、重庆位列全国前十。广东、上海和福建等地网络安全产业蓬勃发展，网络安全企

[1] 数据来源：广东网信办。

业数量位居全国前列。四川加大网络安全人才培育力度，充分整合科研机构、高校、协会、企业资源，探索建立信息产业人才培养新模式，推动四川高校成立网络空间安全学院，加强在信息安全相关技术政策和标准方面的研究。湖北积极推进网络安全人才培养与产业发展，高标准建立国家网络安全人才与创新基地，积极打造具有中国特色的一流网络安全学院+一流网络安全产业“创谷”模式。

6. 网络治理指数排名

各地高度重视网络治理工作，积极出台相关网络治理法规、产业政策和行动计划，加强网络治理顶层设计，不断完善网信机构功能设置，网络社会组织快速发展，融媒体建设水平不断提升。其中，山东、河北、西藏、北京、江苏、浙江、四川、河南、广东、内蒙古位列全国前十。山东不断完善互联网治理顶层设计，积极推动网络强国、数字中国等战略的落地实施，发布了《数字山东发展规划（2018—2022年）》，构建数字化治理创新的数字山东发展格局；积极完善配套政策，积极推动各专项领域制定信息化政策文件和标准制定；加强政务服务平台建设，规范政务新媒体管理。河北完善网信管理机制，加快建设网信机构，制定一系列政策文件，推动依法治理网络空间；积极推进融媒体和网络社会组织建设，形成了覆盖广泛、协同高效的移动传播体系。西藏高度重视网信机构建设，网络综合治理体系不断完善，网络生态总体向上向好。北京向纵深推进网络治理，积极出台网信领域重要政策文件。江苏不断加强网络社会组织建设，网络社会组织数量位居全国前列；积极发挥网络社会组织在互联网行业自律、网络生态综合治理、网络宣传、网络公益、网络扶贫、网络安全宣传等方面的积极作用。

三、中国互联网未来发展趋势展望

中国特色社会主义进入新时代，中国互联网也步入发展的重要战略机遇期。站在新的历史起点上，中国互联网必须坚持以习近平新时代中国特色社会主义思想特别是习近平总书记关于网络强国的重要思想为指导，着眼实现中华民族伟大复兴的历史任务，把握信息革命时代潮流，切实肩负起网络强国建设的历史使命，让互联网更好地造福国家和人民，为实现“两个一百年”奋斗目标和中华民族伟大复兴的中国梦做出积极贡献。

（一）信息基础设施建设成为支撑发展、驱动转型新支点

基础设施是经济社会发展的重要支撑，是物流、人流、资金流、信息流的重要渠道。随着云计算、大数据、人工智能、区块链等新一代信息通信技术和应用快速推进和普及，信息基础设施对经济社会转型发展的战略性、基础性和先导性作用日益凸显，特别是5G、人工智能、物联网、工业互联网、卫星互联网等为代表的新一代基础设施与经济社会各领域深度融合，成为当前中国经济社会数字化转型的战略基石和重要支撑。当前，与数字经济、现代治理等相匹配的新一代基础设施体系尚未健全，信息服务供给能力还有差距，城乡区域间数字鸿沟尚未完全消除，数据资源共建共享的机制尚未完善。面向未来，应加快新一代信息基础设施部署，推动智能化信息基础设施建设，积极推进5G网络规模部署，把信息基础设施作为当前投资的重点领域，加快建成高速、移动、安全、

泛在的新一代信息基础设施。应持续推进宽带网络提质增效，进一步提升光纤宽带、4G网络覆盖范围和覆盖质量，鼓励企业在各地开展5G、IPv6、物联网、人工智能等创新应用试点示范，普及推广智慧城市、车联网、智慧医疗等应用和服务。应大力促进区域基础设施协调发展，推动信息化向基层基础延伸，把服务基层作为信息化发展的着力点，加强中西部和农村地区网络建设投入，持续改善区域发展不平衡的现象，面向城乡基层特别是广大农村实施数字乡村发展战略。

（二）数字经济进入量质齐升、引领发展新阶段

发展数字经济，对于贯彻落实党中央决策部署，深化供给侧结构性改革，推动新旧动能转换，建设现代化经济体系，实现高质量发展，具有重要而深远的意义。当前，在外部环境复杂严峻、经济面临下行压力的背景下，中国数字经济仍保持持续快速发展，数字经济新技术、新业态、新模式不断涌现，数字经济结构持续优化，数字产业化稳中有进，产业数字化深入推进。今后相当长时间，中国仍将处于从高速增长向高质量发展转变的关键时期，新兴技术加速渗透和扩散将为经济增长带来新动力，以数字信息为生产要素的数字经济继续快速发展，将为提升实体经济的数字化、网络化、智能化水平和构筑全球竞争力创造重要条件。面向未来，应深入推进数字产业化和产业数字化，广泛开展数字应用和模式创新，释放数字对经济发展的放大、叠加、倍增作用，大力推进互联网、大数据、人工智能同实体经济深度融合，以数字化、智能化手段推进工业、服务业、农业等传统产业改造升级。应做好数字经济有关政策的制定实施，对于那些未知大于已知的新业态留有一定的“观察期”，同时提高数字经济风险防范能力，建立风险防范预警体系，严厉打击违法犯罪行为，保障数字经济健康稳定发展。

（三）网络安全面临风险交织、威胁频发新形势

当前，网络安全总体形势依然严峻，网络安全环境日趋复杂，网络安全风险进一步加大。传统网络安全威胁依然不容忽视，CPU 芯片等基础软/硬件漏洞严重威胁网络安全，分布式拒绝服务攻击（DDoS）频次下降但峰值流量持续攀升，针对国家重点行业单位的高级持续性威胁（APT）多发频发，大规模用户个人信息泄露问题依旧严重；移动互联网、云平台、联网智能设备等新技术新应用在丰富数字生活的同时，也扩大了网络暴露面，带来了新威胁和新风险；工业互联网以及医疗、电力等行业关键信息基础设施面临着更多安全问题。与中国不断增长的信息基础设施、服务应用、数据信息等网络安全保障需求相比，关键信息基础设施保护体系尚未健全，大数据安全管理仍有差距，网络安全产业支撑能力尚不足。面向未来，应树立正确网络安全观，深入贯彻落实《网络安全法》，扎实推进网络安全工作。应把强化关键信息基础设施安全保护作为重中之重，落实关键信息基础设施防护责任，健全关键信息基础设施保护制度。应强化数据安全管理，把维护数据安全作为网络安全防护的重点任务，依法严厉打击网络黑客、电信网络诈骗、侵犯公民个人隐私权等违法犯罪行为，维护人民群众的合法权益。应增加网络安全投入，培育壮大网络安全市场，进一步优化发展环境，共同推动网络安全产业发展壮大、企业做大做强。应加强新技术新应用网络安全风险防范，特别是加强人工智能、5G 等发展的潜在风险研判，建立健全相关法律法规、制度体系、伦理道德，确保新技术安全、可靠、可控。

（四）互联网媒体发展呈现变革创新、深度融合新趋势

当前，以信息技术为代表的新一轮科技革命给传统传播格局带来深

刻影响和冲击，以人工智能、5G、AR 等为代表的新技术新应用新业态快速发展，为互联网媒体发展注入强劲动力，并推动内容生产、分发、传播、消费等各个环节进一步向智能化方向发展，内容生产效率更高、信息推送与获取更加精准，媒体内容的吸引力、感染力、表现力进一步提升，以智能媒体为主导、以物联网为基础、以智能化为方向的移动传播体系正在形成，将推动媒体格局发生新的转变。与此同时，随着互联网日益成为人们生产、传播、获取信息的主渠道，网络的社会动员能力越来越强，日益成为各类风险的传导器和放大器。面向未来，应坚持正能量是总要求，管得住是硬道理，用得好是真本事，准确把握网络传播规律，大力推进网上宣传理念思路、工作内容、方法手段、体制机制等创新，更加注重用户体验，深耕信息内容，应善于运用新技术改进创新网络传播方式，把握网络传播移动化、社交化、智能化的大趋势，发挥好各类新技术新应用的特色和优势。应运用信息革命成果，着力推动媒体深度融合，加快构建融为一体、合而为一的全媒体传播格局。应提升网络治理能力，加快建立网络综合治理体系，健全法律法规体系，提升技术治网能力，压实网络平台主体责任，促进网络内容生态向好。应广泛动员网民、紧紧依靠网民，把广大网民力量调动起来，使广大网民成为正能量的生产者、传播者、引领者，让网民影响网民、网民教育网民，引导网民自觉规范网络行为、净化网络环境。

（五）全球互联网治理进入格局调整、规则构建新时期

当前，网络空间国际环境深刻变化，网络空间国际治理进入重要转型期。人工智能、量子计算、5G、物联网等新技术新应用不断涌现，对治理格局产生重要影响；国际治理模式分歧仍然存在；新兴经济体和发

展中国家数字经济加快发展、数字能力跃升，国际话语权和影响力逐步增强，对数字世界产生新的冲击；现有国际治理机制难以适应快速变化的互联网发展和国际治理形势，网络空间的脆弱性和不确定性进一步显现。近年来，中国积极参与网络空间国际治理，务实推进国际合作，不断推动网络空间国际治理朝着更加公正合理的方向变革。同时，中国在参与网络空间国际治理进程中面临的形势更加严峻复杂，一些国家将信息技术、产品、服务作为打击和遏制他国的重要手段，加剧了网络空间对抗性威胁。更好地发挥负责任网络大国作用、提升话语权和影响力，与其他国家共建互信共治的数字世界，是中国深度参与网络空间国际治理的重要使命。面向未来，应推进网络空间国际合作交流，围绕推进全球互联网治理体系变革的"四项原则"和构建网络空间命运共同体的"五点主张"，推动构建更加公正合理的全球互联网治理体系。应积极参与网络空间国际治理，深度参与网络空间国际治理重要平台活动，积极推动数字经济和网络安全合作，继续办好世界互联网大会，打造中国与世界互联互通的国际平台和国际互联网共享共治的中国平台。应坚持多边参与、多方参与，充分发挥政府、国际组织、互联网企业、技术社群、民间机构、公民个人等各种主体作用，深化网络空间国际交流与合作。应以"一带一路"建设等为契机，加强同沿线国家在信息基础设施建设、数字经济、网络安全等方面的合作，大力推进 21 世纪数字丝绸之路建设。

面向未来，中国互联网发展前景广阔、任重道远。让我们热情拥抱互联网、积极运用互联网、大力发展互联网，让中国互联网发展更好地服务国家、造福人民、贡献世界！

第1章　信息基础设施建设

1.1　概述

信息基础设施是经济社会发展的战略性公共基础设施，是发展新经济、培育新动能的重要基础，是建设网络强国、推动转型升级的重要支撑。随着信息技术快速发展，信息化创新驱动引领作用日益凸显，迫切要求加快推进信息基础设施建设，充分发挥信息基础设施在经济社会中的战略性、基础性和先导性作用。习近平总书记强调，要加强信息基础设施建设，强化信息资源深度整合，打通经济社会发展的信息“大动脉”。2018年中央经济工作会议提出，要“加快5G商用步伐，加强人工智能、工业互联网、物联网等新型基础设施建设”。一年来，中国信息基础设施稳步发展，传统宽带网络和应用设施取得进展，新型基础设施建设步伐不断加快，信息基础设施加速向高速、智能、泛在、安全的新一代信息网络基础设施演进，有力推动了经济社会发展。

传统宽带网络和应用设施取得进展。光纤宽带用户渗透率居全球首位，多个城市实现“千兆光网”全城覆盖。4G网络深度覆盖，4G用户规模全球第一。IPv4地址分配数量全球第二，IPv6地址数量增加，通告率持续提升，新通用顶级域名（New gTLD）市场开始回暖，整体域名市场回归正向增长。IPv6规模商用部署提速，电信运营商的IPv6网络性能总体稳定。数据中心总体规模快速增长，布局渐趋优化，大型以上数据中心成为增长主力。

5G、人工智能、工业互联网、物联网等新型基础设施建设步伐不断加快，日益成为支撑经济社会转型发展的战略基石。5G移动宽带网络进入商用元年，系统、芯片、终端等产业链主要环节已达到商用水平。工业互联网标识解析体系建设取得进展，5个国家顶级节点已全部上线并试运行，“东西南北中”的顶层布局初步形成，工业互联网平台在垂直细分领域形成局部应用，工业互联网安全体系在安全框架与标准体系制定、技术产品研发等方面取得积极进展。窄带物联网（NB-IoT）建设成效显著，正在推进eMTC网络部署。人工智能向电信领域延伸，骨干网络结构不断优化并逐步走向智能化重构。内容分发网络（CDN）产业持续发展。

1.2 宽带网络建设取得进展

1.2.1 骨干网络结构优化

1. 骨干网互联互通逐步完善

互联网骨干直联点流量疏导作用显现，直联点所在省份网络性能提升明显。截至2018年年底，骨干直联点网间互联互通带宽达6 800 Gb/s，较2013年增长超300%。据中国信息通信研究院互联网监测分析平台监测，2018年年底，直联点所在省份网间时延均值为39.59ms，平均丢包

0.19%，性能较 2017 年年底分别提升 15.27%和 56.65%。

网间互联需求日趋旺盛，新型互联网交换中心探索加快。在骨干层面之外，随着互联网高速发展，互联网企业、本地互联网接入服务商、IDC 企业、云服务企业快速发展，产生多种新型流量交互需求。行业主管部门正在积极开展新型互联网交换中心试点探索，进一步提升网间互联互通效率，降低互联互通成本。

2. 技术创新驱动网络智能化

随着软件定义网络/网络功能虚拟化（SDN/NFV）、大数据、人工智能等新技术的逐渐成熟，骨干网络为了满足多种类型业务承载需求，正向更为灵活和智能的方向发展。中国基础电信运营商积极探索结合 SDN 技术的智能化管控方式，推动网络资源的灵活调度和合理高效利用。

（1）利用 SDN 技术实现数据中心之间流量的高效调度。

（2）利用 SDN 技术实现 IP 网络智能化流量调度，中国电信、中国移动、中国联通三大基础电信运营商均基于 SDN 开展了针对骨干网络路由优化与负载均衡、国际互联网出入口流量调度的探索与现网部署。

（3）实现 IP 网络与光传送网络协同，中国移动积极探索借助 SDN 实现 IP 承载网与光传送网资源的高效协同，从而实现对多厂商、多域组网环境的统一控制和管理。

3. 云网协同多层次融合

面对“云网融合”发展的大趋势，基础电信运营商通过建设数据中心网络实现数据中心与基础网络高效互通，中国电信第三张网一期项目已部署应用，积极推进应用 SDN 更好地实现云网融合；中国联通数据中心网络已接入65个自有优质数据中心（DC），计划在年底实现所有地（市）全部支持 SDN，海外新增 30 余个 SDN 覆盖点；中国移动计划建设“4+45”的数据中心间二层互联（DCI）网络架构，组建一张用于全国数据流量疏导的全新网络。基于云网协同发展，基础电信运营企业积极探索打造智能化、开放化的承载网络，实现向以 DC 为中心的网络架构重构，提供云网一体服务。

1.2.2 千兆光纤宽带加快部署

1. 网络提速降费扎实推进

2018 年，工业和信息化部、国资委继续开展网络提速降费专项行动，对增强网络供给能力、降低宽带资费水平、普及高速宽带应用、优化电信市场环境等提出明确要求，推动网络提速降费工作不断深入，让企业广泛受益、群众普遍受惠。

在提速方面，基础电信运营商持续加大投资力度，3 年累计投资超过 1.2 万亿元，扩大光纤宽带网络覆盖，继续推进光纤改造，增加 4G 网络覆盖广度和深度，提高办公及商务楼宇、电梯等室内覆盖水平，提升铁路、公路沿线连续覆盖质量。

在降费方面，扎实推进“三降低一取消”工作，推动电信运营商降低家庭宽带、企业宽带和专线使用费，全面取消流量“漫游”费，推动移动网络流量资费至少降低 30%，最大限度地让利于民。

2. 千兆光网建设加快步伐

目前，中国光纤宽带网络已实现城市全面覆盖，超过 98%的行政村实现光纤通达，部分地区已开始将光纤网络向自然村延伸。截至 2019 年 6 月底，中国电信、中国移动和中国联通三大基础电信运营商的光纤接入（FTTH/O）网络端口总计 8.1 亿个，在所有宽带端口中的占比达到 90%，全国 91%的宽带用户使用光纤接入，居全球首位。在推进光纤网络普及的基础上，电信运营企业加快推进千兆光网建设，不断提升网络供给能力。2018 年，上海电信“千兆光网”实现全城覆盖，北京、杭州、西安、苏州、宁波、洛阳等城市相继开展千兆城市建设。2013—2019 年 6 月中国固定宽带光纤端口总数及渗透率如图 1-1 所示。

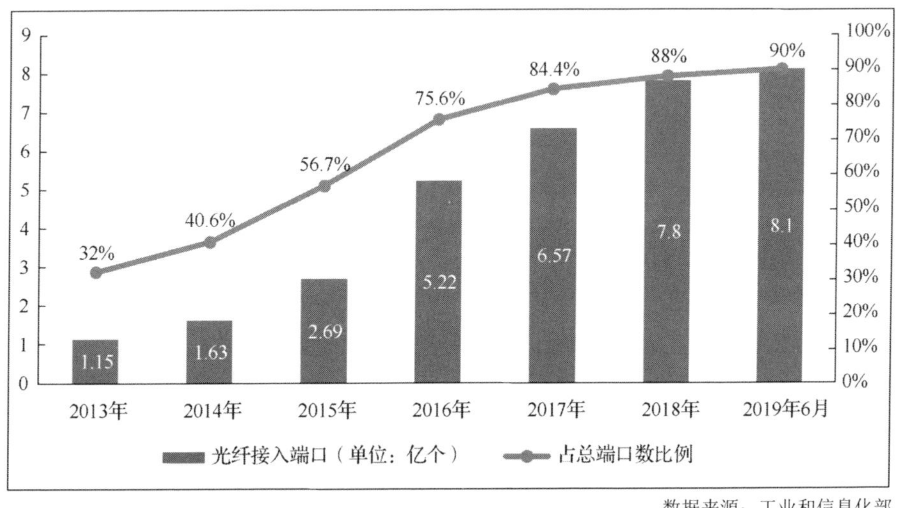

数据来源：工业和信息化部

图 1-1　2013—2019 年 6 月中国固定宽带光纤端口总数及渗透率

3. 百兆宽带用户增加

光纤网络的部署到位，为中国宽带用户接入速率提升准备了基础条件。截至 2019 年 6 月底，接入速率 100Mb/s 及以上的用户达 3.35 亿户，占比达 77.1%，使用高带宽产品的用户占比不断提高，如图 1-2 所示。

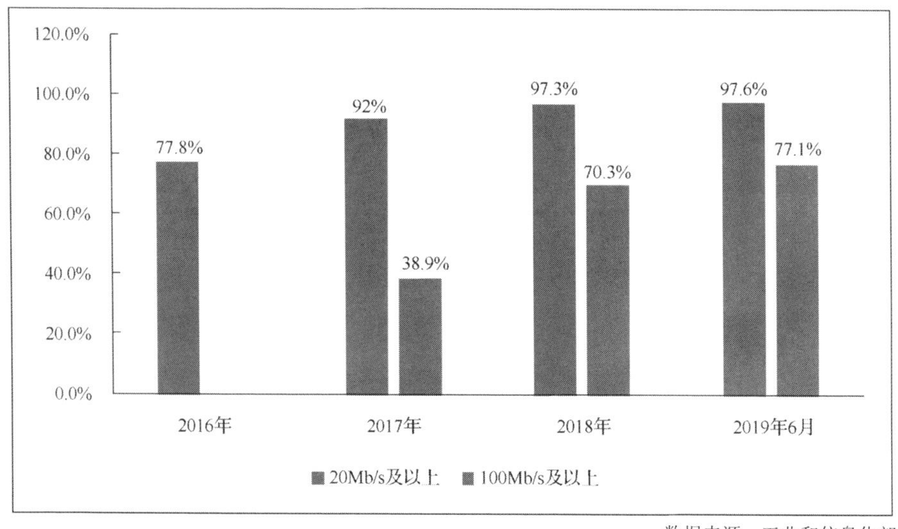

数据来源：工业和信息化部

图 1-2　2016—2019 年 6 月中国 20Mb/s 及以上、100Mb/s 及以上宽带用户占比

1.2.3　5G 移动宽带网络进入商用元年

1. 5G 网络启动商用部署

2019 年 6 月 6 日，工业和信息化部向中国电信、中国移动、中国联通、中国广电发放了 5G 商用牌照。中国电信今年将在 40 个以上的城市推出 5G NSA/SA 混合组网，目标在 2020 年率先启动 SA 网络升级。中国移动加快 5G 网络建设步伐，计划 2019 年在全国范围内建设超过 5 万个 5G 基站，在超过 50 个城市提供 5G 商用服务；2020 年，将进一步扩大网络覆盖范围，在全国所有地级以上城市提供 5G 商用服务。中国联通发布“7+33+*n*”5G 网络部署，即在北京、上海、广州、深圳、南

京、杭州、雄安7个城市（城区）连续覆盖，在33个城市实现热点区域覆盖。

2. 5G产业链建设有序推进

5G技术和产品日趋成熟，系统、芯片、终端等产业链主要环节已达到商用水平。在网络建设方面，中国电信、中国移动、中国联通三大基础电信运营商前期已开展了5G试验网建设，并正在推进商用网络规模部署和提供5G商用服务。在产品研发方面，中国企业在中频段设备、5G基站和终端芯片等方面取得显著进展，终端企业已经推出高性能商用手机。产业上下游企业积极推动5G应用创新发展。中国移动成立5G创新中心和三大产业研究院，围绕九大领域开展了100多个应用示范项目；中国电信推动“三朵云”架构使能5G应用，满足低时延、高速数据业务需求，并在工业互联网领域开展了广泛研究；中国联通在新媒体、工业互联网、智慧旅游、智慧交通、智慧医疗、智慧教育等方面开展有效探索。

3. 4G网络深度覆盖

中国已建成全球最大4G网络，实现了全国所有乡镇以上的连续覆盖、行政村的热点覆盖。截至2019年6月底，全国4G基站数达445万个，占移动通信基站总数的60.8%，根据宽带发展联盟发布的2019年第二季度《中国宽带速率状况报告》，4G网络全国平均可用下载速率达到23.58Mb/s。在5G商用初期，VoLTE仍是运营商语音业务的主要解决方案，三大运营商加速部署 VoLTE。截至 2018 年年底，中国移动 VoLTE 用户达到 3.56 亿户，全球排名第一，约占全部 4G 用户数的 53.4%。中国电信目前已实现全网开通 VoLTE 功能。2019 年 4 月，中国联通在北京、天津、上海、广州、南京等 11 个城市开展试商用，6 月 1 日起全国试商用。2012—2019 年 6 月中国 3G/4G 基站建设情况如图 1-3 所示。

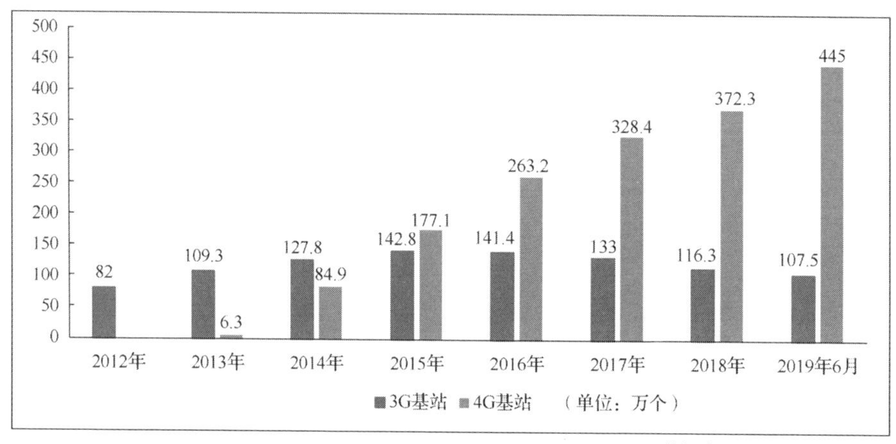

数据来源：工业和信息化部

图 1-3　2012—2019 年 6 月中国 3G/4G 基站建设情况

4. 4G 用户规模全球第一

随着“双卡双待”手机的快速普及，基础电信运营商纷纷推出“不限量套餐”“大流量卡”等多种优惠套餐争夺用户手机上的第二卡槽，带动中国 4G 用户继续保持快速增长。截至 2019 年 6 月底，中国 4G 用户达到 12.3 亿户，总体规模全球第一，4G 用户渗透率（4G 用户占移动电话用户比例）达 77.6%，远高于全球平均水平。2014—2019 年第二季度中国 4G 用户渗透率与国际对比情况如图 1-4 所示。

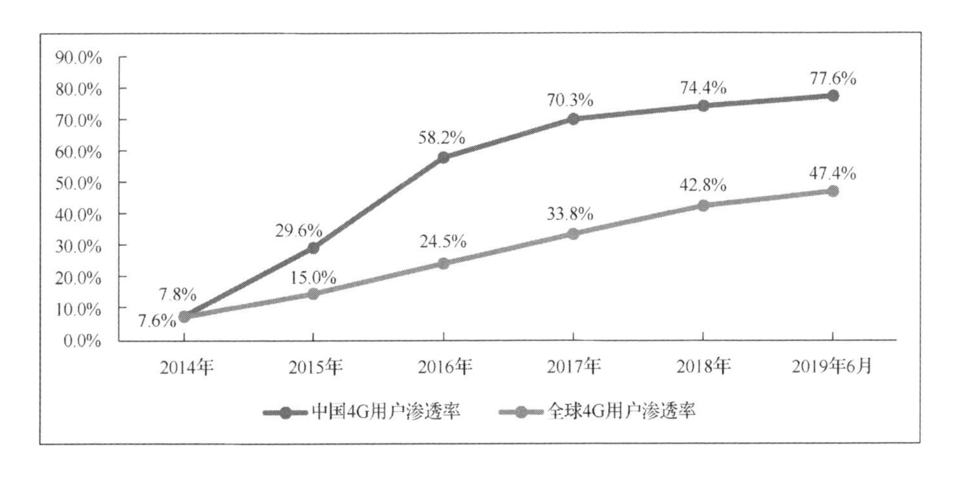

图 1-4 2014—2019 年第二季度中国 4G 用户渗透率与国际对比情况

1.2.4 空间互联网部署稳步推进

中国空间信息基础设施建设稳步推进，随着技术进步、政策鼓励和市场活力的进一步激发，中国低轨卫星星座系统、高轨高通量宽带卫星系统和全球卫星导航系统（北斗卫星导航系统）取得了一定的发展。

1. 低轨卫星星座系统进入试验阶段

中国有关企业提出“虹云”“鸿雁”星座计划，并在 2018 年年底成功发射了首颗实验星，开展低轨卫星互联网技术验证，迈出实质性发展步伐。

“虹云”系统建设分为 3 个阶段，力争在 2020 年完成业务试验卫星发射，在“十四五”期间完成整个系统的部署，开展正式的运营服务。

“鸿雁”星座首发星在轨期间将陆续开展移动通信、物联网、导航增强、航空监视等各项功能的试验验证。按照规划，“鸿雁”星座分为两步建设，一期工程将由60颗卫星组网，实现“一带一路”区域全覆盖，二期工程将发射300多颗卫星，形成全球覆盖能力。

2. 高轨高通量宽带卫星系统建设有望取得进展

亚太6D卫星发射按计划将于年内完成。亚太6D将在整个卫星的可视范围内提供高通量服务，面向亚太地区形成西至印度洋、东至太平洋、南至澳大利亚并延伸至南极洲的覆盖。亚太6D是亚太星通的首颗高轨高通量宽带卫星，后续还将发射3颗高轨高通量通信卫星，组成全球高轨高通量宽带卫星系统。

3. 北斗卫星导航系统覆盖能力持续扩大

北斗卫星导航系统是中国自主建设、独立运行的卫星导航系统，是为全球用户提供全天候、全天时、高精度的定位、导航和授时服务的国家重要空间基础设施。截至2019年6月底，北斗卫星导航系统已经成功跨越到北斗三号系统，共发射在轨卫星46颗。其中，北斗三号系统已经拥有21颗组网卫星，完成基本系统建设，向全球提供服务。

1.2.5 国际通信设施加快拓展

1. 国际互联网出口带宽增长

中国国际互联网出口带宽快速发展，截至2018年年底，已达到8 946 570Mb/s，是2011年同期的6倍多。但从整体来看，中国国际互联网出口带宽的人均资源占有量严重偏低，中国每固定宽带用户国际互联网出口带宽仅约0.02Mb/s。2011—2018年中国国际互联网出口带宽增长情况如图1-5所示。

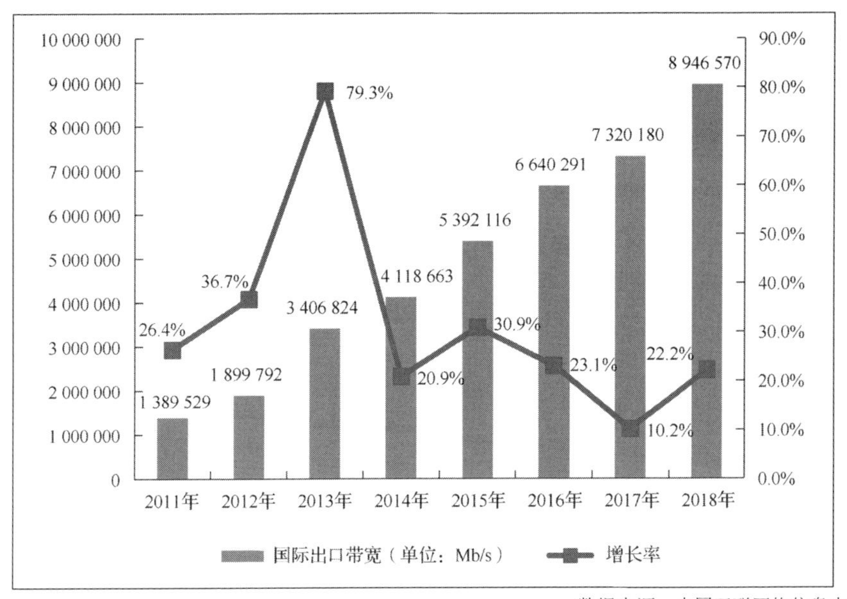

数据来源：中国互联网络信息中心

图 1-5　2011—2018 年中国国际互联网出口带宽增长情况

2. 国际海底光缆和跨境陆地光缆建设积极推进

目前，中国已基本形成多方向、大容量的海底光缆、跨境陆地光缆为主的国际传输网络架构。在海底光缆方面，中国基础电信运营商建有 5 个国际海底光缆登录站，拥有 9 条可登录的国际海底光缆，可用带宽超过 100Tb/s。同时，中国基础电信运营商也积极参与其他重要路由国际海底光缆建设；2019 年 3 月中国移动 NCP 海底光缆投产，这是中国移动在大陆地区拥有的第一条直连的国际海底光缆系统。在陆地光缆方面，中国共拥有 18 个国际陆地光缆边境站，已与周边 12 个国家建立了跨境陆地光缆系统，系统容量超过 200Tb/s。

3. 海外设施建设仍有差距

截至 2018 年年底，中国三大基础电信运营商已在亚洲、非洲、欧洲、北美洲、南美洲和大洋洲超过 35 个国家/地区部署了 270 多个海外 PoP 点。中国 ICT 企业加快数据中心及云计算资源全球化布局，数据中心机房和业务遍布亚太、美国和 EMEA（欧洲、中东和非洲）地区，形成对全球主要互联网市场覆盖。中国 CDN 企业全球服务能力和服务规模与全球领先企业相比还有较大差距。在 AlexaTop1k 和 Top10k 网站中，美国 CDN 服务商占 70%，中国 CDN 服务商占 0.5%～3.5%。

1.2.6 电信普遍服务试点助推农村发展

1. 电信普遍服务试点持续推进

电信普遍服务是缩小城乡、区域数字鸿沟，助力打赢脱贫攻坚战的重要手段。2019 年 4 月，第五批电信普遍服务试点开始实施。为进一步扩大电信普遍服务试点项目成果，让更多农村贫困用户能够用得上、用得起、用得好宽带网络，2018 年年底，工业和信息化部、国务院扶贫办印发了《关于持续加大网络精准扶贫工作力度的通知》，支持基础电信企业对建档立卡贫困户开展精准降费，鼓励贫困用户更多地使用基础电信业务和各类互联网应用，帮助贫困群众利用互联网走上脱贫致富道路，充分享受互联网发展带来的红利。

2. 农村网络设施改善明显

截至 2019 年 6 月底，中国行政村通光纤比例达到 98%，北京、天津、上海、江苏、浙江、安徽、山东、河南、广东、重庆、云南等省（直辖市）行政村通光纤比例达到 100%；在中国农村固定宽带接入端口中，光纤到户端口数占比达 95%，高于城市 90%的水平。为补齐农村和偏远地区电信普遍服务短板，工信部和财政部提出了深化电信普遍服务“升级版”方案，即从 2018 年开始，试点支持农村及偏远地区 4G 网络覆盖，重点支持行政村、边疆地区和海岛地区 4G 网络基站建设。目前，行政村 4G 网络通达比例已超过 95%。

3. 网络扶贫助力贫困地区脱贫攻坚

贫困地区宽带网络覆盖大幅改善。截至 2018 年年底，12.29 万个建档立卡贫困村通宽带比例超过 97%，已提前实现国家“十三五”规划提出的宽带网络覆盖 90%以上贫困村的目标。

开展精准扶贫，降低通信费用。电信企业面向所有贫困县、贫困户制定相应扶贫资费优惠政策，推出“扶贫套餐”，切实降低贫困人口通信费用支出，促进贫困人口使用宽带业务。

推广扶贫致富应用，让贫困地区分享数字红利。电信企业面向所有贫困地区组织引入农业科技、农业资讯、教育培训、卫生健康、乡村旅游等内容，使宽带网络成为贫困地区放眼看世界、实现脱贫致富的重要渠道。远程教育、远程医疗、电子政务等服务逐步推广普及，使城市优质教育、医疗等公共服务资源加快向贫困地区延伸。

1.3　应用设施持续快速发展

1.3.1　数据中心布局继续保持良性发展

1. 数据中心（IDC）资源总体供给规模平稳增长

中国数据中心总体规模快速增长，2011 年以来年复合增长率在 30%

以上，截至2018年年底，中国在用数据中心机架总体规模达到204.2万架，同比增长23%左右。其中，大型以上数据中心为增长主力，根据公开资料不完全统计，2018年中国在建和投产数据中心项目41个。其中，3 000个机架以上的大型数据中心项目有26个，占比超过60%。

2. 东部热点城市需求逐步向周边地区转移

自2013年工业和信息化部等五部委联合发布《关于数据中心建设布局的指导意见》、2017 年工业和信息化部印发《全国数据中心应用发展指引》以来，中国数据中心布局渐趋优化，新建数据中心，尤其是大型、超大型数据中心逐渐向西部及北上广深周边城市转移。北京周边的张家口、廊坊、乌兰察布、天津等，上海周边的昆山、南通、宿迁、杭州等，广州、深圳周边的深汕合作区、东莞、中山、惠州等，都有大量新建数据中心落地建设或投产，一线城市数据中心紧张问题逐步缓解。以2018年中国在建和投产的数据中心为例，北上广深及周边地区数据中心项目数量共计24个，占总量的59%。其他区域数据中心项目有17个，占总量的41%。

3. 数据中心节能管理逐步规范

中国系统加强数据中心节能的行业引导和审查管理。2019年2月，工业和信息化部等三部委联合发布了《加强绿色数据中心建设的指导意见》，围绕设计、采购、施工、运维、改造等全生命周期，对绿色数据中心建设给出战略性、方向性指引。2019年3月，工业和信息化部印发了《2019年工业节能监察重点工作计划》，对纳入重点用能单位管理的数据中心进行专项监察，按照相关国家标准核算数据中心电能使用效率，检查能源计量器具配备情况。

热点城市对数据中心的电源使用效率（PUE）进一步严格管理。北京市发布《新增产业的禁止和限制目录（2018 版）》，要求全市禁止新建和扩建互联网数据中心（PUE 值在 1.4 以下的云数据中心除外），中心城区全面禁止新建和扩建数据中心。上海市 2019 年 1 月发布了《关于加强本市互联网数据中心统筹建设的指导意见》，要求新建数据中心 PUE 值严格控制在 1.3 以下，改建数据中心 PUE 值严格控制在 1.4 以下。深圳市在 2019 年 4 月发布《关于数据中心节能审查有关事项的通知》，提出 PUE 值低于 1.25 的数据中心可享受新增能源消费量 40%以上的支持政策，PUE 值高于 1.4 的数据中心不享有支持。

1.3.2 云计算平台融合服务能力提升

1. 龙头云服务商持续打造融合多元的云计算平台

龙头云服务企业以云计算基础产品为依托，逐步推动云计算与大数据、物联网、人工智能等技术的融合发展，打造技术更加融合、平台更加开放、生态更加完善、业务体系更加多元的新一代云计算平台设施。以阿里云为例，目前已推出十余款处于公测状态的新产品，在基础产品领域推出了文件存储、智能云相册等存储类产品，以及图数据库、IPv6 转换服务等数据库和网络服务产品；在物联网领域推出了物联网络管理平台、物联网边缘计算、视频边缘智能服务、智联车管理云平台等产品；在大数据领域推出了 DataWorks、Dataphin 等数据开发产品和数据应用产品；在人工智能领域发布了机器翻译、人工智能众包等产品，业务形态更加丰富。

2. 外资云服务提供商继续深耕国内公有云市场

2019 年 5 月，微软智能云的第三项核心服务——Microsoft Dynamics

365 在中国正式投入商用。至此，Microsoft Azure、Office 365、Dynamics 365 组成的微软智能云“三驾马车”全部落地中国。目前，微软 Microsoft Azure 及 Office 365 在中国获得了超过 11 万个企业客户及 1 400 多家云合作伙伴。根据市场调研机构 IDC 公布的数据，2019 年第一季度，由光环新网代为运营的亚马逊 AWS 已在中国公有云基础设施市场占据了 7.2%的市场份额，排名第四位，仅次于阿里云（43%）、腾讯云（12.3%）和中国电信云（7.3%）。2019 年 4 月，AWS Direct Connect 在上海和深圳开设了两个新站点，由西云数据运营的上海 Direct Connect 站点登录 GDS 上海第三数据中心[1]，深圳 Direct Connect 站点登录 GDS 深圳第三数据中心，专供访问由光环新网运营的 AWS 中国（北京）区域。

1.3.3 CDN 产业持续发展

1. CDN 行业市场规模扩张

随着在线直播、短视频等各类新型互联网服务的兴起，CDN 市场需求持续上升，2018 年中国 CDN 市场规模达到 181 亿元，预计 2019 年将达到 250 亿元，增长率保持在 39%左右。中国 CDN 市场参与者显著增多，截至 2019 年 7 月底，共有 397 家企业获得 CDN 牌照，包括传统 CDN 服务商、云计算服务商、电信运营商、共享 CDN 服务商以及融合 CDN 服务商等。其中，有 44 家获得全国经营范围许可。云计算企业发展 CDN 业务趋势明显，拥有 CDN 牌照的云服务企业数量达到 119 家。

[1] 参考来源：https://www.amazonaws.cn/new/2019/aws_direct_connect_shanghai_shenzhen/。

2. CDN与边缘计算融合发展

随着5G时代的到来，VR/AR、车联网、物联网等高流量应用得以实现并逐渐走向普及，互联网接入终端设备数量和网络流量都呈指数级增长，万物互联给网络接入造成巨大压力，也对CDN的发展提出了更高的要求。国内一些CDN服务商已开始推出边缘计算服务，将云计算、大数据、人工智能的优势拓宽到更靠近端的边缘计算上，打造云、边、端一体化的协同计算体系。目前边缘计算已成功应用于视频直播中的弹幕分发，以及为用户自有设备提供本地计算、消息收发、缓存及同步服务等。

3. 国内CDN企业加速出海

随着中国“一带一路”倡议的实施，中国CDN服务商也持续加大海外市场建设投入，阿里云、腾讯云等企业在全球广泛建设数据中心和CDN节点。目前，阿里云在全球建立12大区，运营56个可用区，国际CDN节点超过300个；腾讯云在全球25个地理区域内运营51个可用区，国际CDN节点超过200个。国内企业重点向东南亚市场倾斜，众多服务商都在东南亚地区建设了数据中心。

1.3.4 互联网基础资源保有量提升

1. 域名注册市场整体稳步增长

截至2019年6月，中国域名总数为4 800万个，其中，“.CN”域名数量为 2 185 万个，较 2018 年年底增长 2.9%，占域名总数的 45.5%，“.COM”域名数量为 1 456 万个，占域名总数的 30.3%，“.中国”域名数量为 171 万，占域名总数的 3.6%，新通用顶级域名（New gTLD）数量为 806 万个，占域名总数的 16.8%。截至 2019 年 6 月，中国各类域名注册数量占比情况如图 1-6 所示。

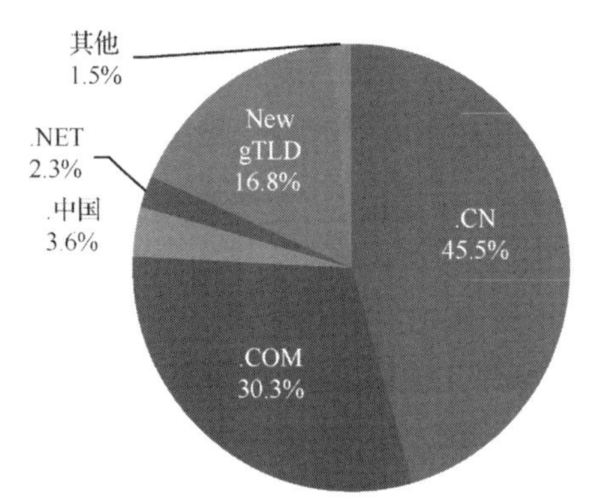

数据来源：第 44 次《中国互联网络发展状况统计报告》

图 1-6 截至 2019 年 6 月，中国各类域名注册数量占比情况

2. 引入根镜像数量增加

2019 年，CNNIC 先后引入 3 个根服务器（F、K、L）镜像。据 CNNIC 统计，截至目前，中国境内机构已拥有 12 个根服务器镜像，虽然镜像服务器数量和美国相比仍然偏少，但是国内相关机构引入根镜像的意愿有所增强。2019 年，中国根镜像数量有望继续突破增长。

3. IPv4 地址分配数量居全球第二

截至 2019 年 6 月底，中国已分配 IPv4 地址约 3.4 亿个，和 2018 年基本持平，占全球已分配 IPv4 地址总量的 9.26%，排名全球第二，但与美国 16.06 亿个的地址量相比还存在较大差距。从使用区域看，北京、广东、浙江位居 IPv4 地址使用量的前三名。中国部分省（直辖市）IPv4 地址使用情况如图 1-7 所示。

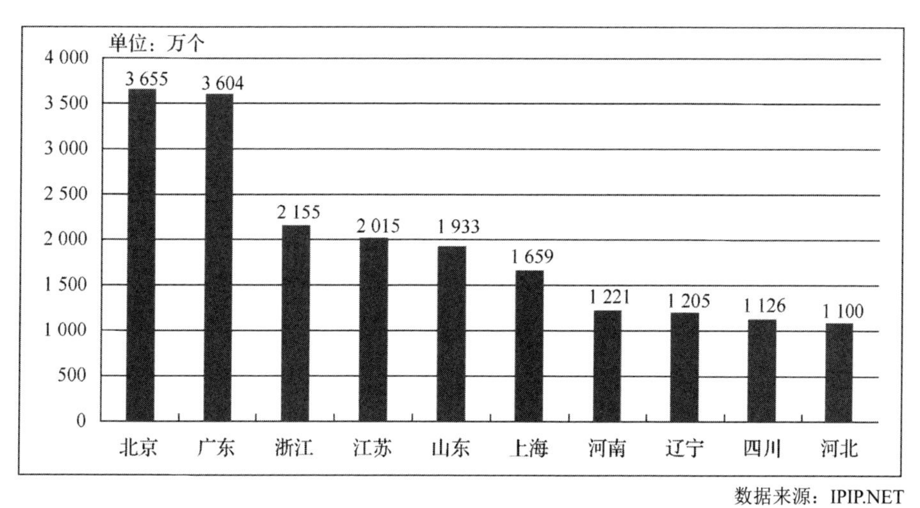

图 1-7 中国部分省（直辖市）IPv4 地址使用情况

4. IPv6 地址数量增加

自 2017 年年底《推进互联网协议第六版（IPv6）规模部署行动计划》启动以来，各地区各部门认真贯彻落实，全面推动 IPv6 规模部署和应用，中国 IPv6 通告率持续提升。截至 2019 年 6 月底，中国拥有 IPv6 地址总量约为 50 286 块/32[1]，较 2018 年年底增长 14.3%，已超越美国，跃居全球第一位；中国 IPv6 通告率达到 11.35%，较 2018 年同期增长了近 20%。

[1] 含港澳台地区。

1.3.5 IPv6 规模商用部署提速

1. 中国 IPv6 规模部署进入加速阶段

自 2018 年以来，教育部、工信部、国资委、人民银行等部委发布了《关于贯彻落实推进互联网协议第六版（IPv6）规模部署行动计划》的实施意见，天津、河北、湖南、辽宁、江苏、江西、四川、陕西、云南、浙江等 20 个省（自治区、直辖市）印发了推动 IPv6 规模部署的相关文件，中国 IPv6 规模部署整体进度加快。

2. 电信运营商网络性能总体稳定

截至 2019 年 6 月底，中国三大基础电信运营商在全国 30 个省（自治区、直辖市）的移动宽带接入（LTE）网络均已完成端到端 IPv6 改造并开启 IPv6 业务承载功能，已在全国 30 个省（自治区、直辖市）为固网用户提供 IPv6 服务，国际出入口 IPv6 总带宽达到 100Gb/s。13 个骨干直联点已全部实现了 IPv6 互联互通，中国电信、中国移动、中国联通、中国广电、教育网和科研网累计开通 IPv6 网间带宽 6.39Tb/s。

中国主要电信运营商的 IPv6 网内、网间总体性能稳中趋优。2019 年 5 月，中国主要电信运营商的 IPv6 网内平均时延和网内平均丢包率分别为 34.45ms 和 0.08%，性能已接近 IPv4；IPv6 网间平均时延为 43.63ms，网间平均丢包率指标为 0.39%，网间时延和丢包与 IPv4 差距逐月减小。中国主要电信运营商的互联网网内、网间性能分别如图 1-8 和图 1-9 所示。

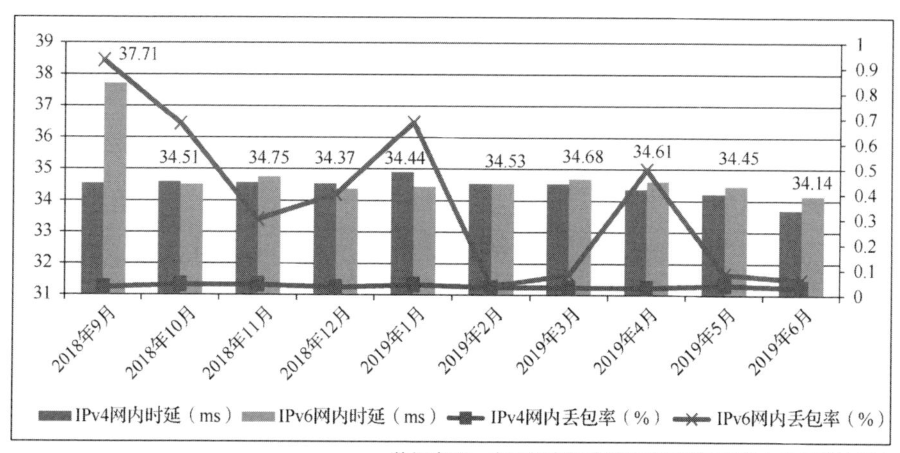

数据来源：中国信息通信研究院互联网监测与宽带测速平台

图 1-8　中国主要电信运营商的互联网网内性能

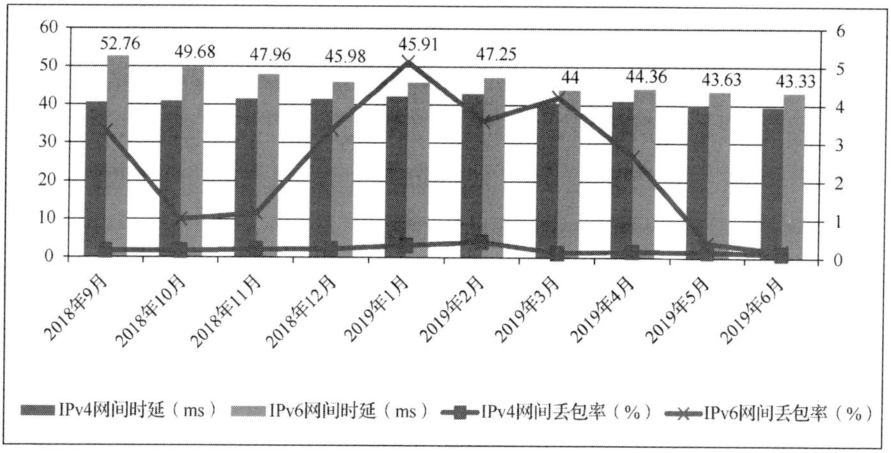

数据来源：中国信息通信研究院互联网监测与宽带测速平台

图 1-9　中国主要电信运营商的互联网网间性能

3. IPv6 流量总体增长较慢

政府和中央企业网站的 IPv6 支持度快速提升。2019 年 6 月，中国省部级政府和中央企业门户网站中可通过 IPv6 访问的占比分别达到 91.2%

和 80.2%。重点互联网企业网站及其应用的 IPv6 升级改造进一步加快，国内用户量排名前 50 位的商业网站及应用中支持 IPv6 访问的占比达到 80%。网站和应用 IPv6 改造的广度和深度不足，众多主流固定家庭上网终端不支持 IPv6 或软件升级存在风险。这些制约因素严重影响中国 IPv6 的发展，导致中国 IPv6 流量增长缓慢，整体规模和占比都较小。中国骨干直联点互联网网间 IPv6 流量如图 1-10 所示。

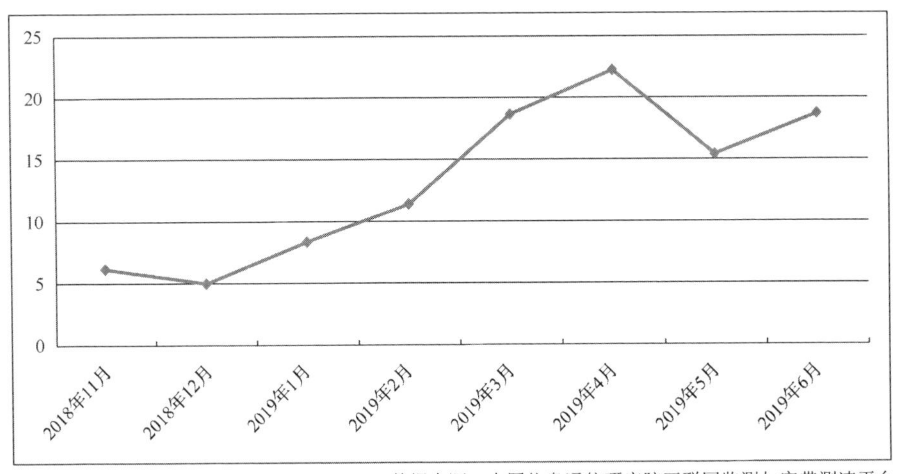

数据来源：中国信息通信研究院互联网监测与宽带测速平台

图 1-10　中国骨干直联点互联网网间 IPv6 流量（Gb/s）

1.4　新型设施建设步伐加快

1.4.1　物联网产业需求带动设施加快部署

1. NB-IoT 网络建设成效显著

中国已建成全球最大的 NB-IoT 网络，中国电信、中国移动、中国联通三大基础电信运营商完成超百万 NB-IoT 基站商用。中国电信借助其 800MHz 的优质频谱资源，到 2018 年基站数已扩展到 40 万个，进一步推进深度覆盖；中国移动在 2018 年的 NB-IoT 数目约 30 万个，已实现近 350 个城市的 NB-IoT 连续覆盖和商用；中国联通在 2018 年实现 30 万个 NB-IoT 基站商用。

2. 物联网应用加快普及

中国物联网产业规模保持高速增长。根据工业和信息化部统计，截至 2018 年年底，中国三大基础电信运营商蜂窝物联网用户达 6.71 亿户，占到全球一半以上，全年净增 4 亿户。2018 年，中国物联网总体产业规模达到 1.2 万亿元，完成“十三五”期末目标值的 80%。江苏、浙江、广东等省的产业规模均超千亿元。当前物联网应用正在向工业研发、制造、管理、服务等业务全流程渗透，农业、交通、零售等行业物联网集成应用试点也在加速开展。消费物联网应用市场潜力将逐步释放，全屋智能、健康管理可穿戴设备、智能门锁、车载智能终端等消费领域市场保持高速增长。智慧城市步入全面建设阶段，促使物联网向规模化应用转变。

1.4.2　工业互联网网络设施建设取得阶段性进展

1. 工业互联网网络体系建设稳步推进

2018 年是中国工业互联网建设的全面实施之年。

（1）顶层设计逐步完善，工业互联网产业联盟通过发布《网络连接白皮书》和《标准体系 2.0》，明确了工业互联网网络的技术架构和标准架构。

（2）网络升级改造初见成效，基础电信运营商开始改造建设高品质企业外骨干网，可用于低功耗设备广域连接的 NB-IoT 已实现全国覆盖，制造企业积极运用工业光网络（PON）、边缘计算、IPv6 等新技术改造企业内网络。

（3）新型网络技术加快探索，工业互联网产业联盟建设了十多个网络测试床，覆盖时间敏感网络（TSN）、边缘计算、5G 等新型网络技术。产业各方合力打造多个网络创新联合实验室，推出更多紧密贴合制造企业转型升级需求的网络解决方案。

2. 标识解析体系建设与应用推广成效初显

（1）标识解析体系建设取得阶段性进展。5 个国家顶级节点已全部上线并试运行，“东西南北中”的顶层布局初步形成，11 个二级节点实现上线运营，覆盖高端装备、工程机械、航空航天等领域。

（2）形成良好的自主创新能力，融合型标识技术方案验证成功，标准体系框架搭建完成，标识解析全系列软件成功研发，并与人工智能、区块链等新一代信息通信技术加速融合。

（3）标识应用创新发展，标识解析应用在工业品全生命周期管理、设备资产管理、供应链管理、产品溯源等领域，“政、产、学、研、用”多方力量跨界协作，推动标识解析产业生态初步形成。

3. 工业互联网平台迈出步伐

中国工业互联网平台发展处于起步阶段，在垂直细分领域形成局部应用。

（1）大企业加快平台化转型，不断推出平台产品，先进制造企业将自身数字化转型经验转化为平台服务，装备和自动化企业凭借工业设备与经验积累创新服务模式，信息技术企业发挥IT技术优势将已有平台向制造领域延伸，互联网企业在云服务基础上叠加工业解决方案。

（2）面向数据采集、集成、分析的技术产品和解决方案正在形成，基于平台开展设备数据采集和边缘计算分析，进行工业机理模型与微服务开发调用、工业大数据存储分析与工业App开发部署，探索设备健康管理、制造能力交易等创新赋能实践。

（3）软件云化、工业App发展迅速，软件企业加强平台化的软件云化、数据汇聚处理能力，已形成面向不同应用场景的300余个工业App。

4. 工业互联网安全体系建设取得积极进展

中国产业界在安全框架与标准体系制定、技术产品研发等方面均取得积极进展。在安全框架方面，工业互联网产业联盟发布《工业互联网安全框架》《安全解决方案汇编》等框架指南和解决方案。在标准体系方面，形成工业互联网安全标准体系框架，工业互联网安全防护总体要求、平台安全、数据安全等重点标准进一步完善。在技术能力方面，初步建成国家、省、企业三级技术保障体系，重点实验室、专业机构及安全企业等正协同推进技术研发和集成应用。在产业生态方面，中国网络安全市场需求逐步扩大，安全防护产品及解决方案供给增多，安全企业快速成长。

以 5G、人工智能、物联网、工业互联网等为代表的新型基础设施，已经成为经济高质量发展的支撑力量。推进 5G 网络规模部署、提升物联网接入能力、推动网络智能化转型和升级演进，特别是加强中西部和农村地区网络建设、全面推进地方信息基础设施建设进入快车道，构建适应数字经济与实体经济融合发展需要的新型基础设施体系，将使信息基础设施升级和应用成为各地发展新的增长点，也将为推动网络强国建设奠定坚实基础。

第 2 章　网络信息技术发展

2.1　概述

核心技术是信息化的基石，是国之重器。习近平总书记强调："建设网络强国，要有自己的技术，有过硬的技术。"2019 年，中国进一步深化拓展网络信息技术领域创新研发和产学研合作，着力推进核心技术攻关，基础性技术细分领域取得突破成果，前沿热点技术呈现跨界融合、系统创新、智能引领等鲜明特点，新技术新工艺新平台加快建设，一批自主创新成果达到世界领先水平。

基础性、通用性技术研发取得新进展。行业发展从注重应用创新向更加注重科技创新转变，基础性技术研发力度不断加大，新一代百亿亿次超级计算机、物联网操作系统、5G 基带芯片等细分领域取得一定进展。同时也要看到，基础芯片、操作系统、工业软件等领域技术创新的系统性、积淀性、渐进性特征比较强，需要坚持不懈、集中用力，做到整体推进。

前沿热点技术形成突破性成果。人工智能芯片已达到 7nm 工艺制程，量子密钥分发协议达到国际领先水平。特别是随着 5G 技术部署商用，边缘计算逐步实现技术落地和生态构建，虚拟现实加速与传统行业融合发展。

网信领域核心技术研发力度不断增强。自 2019 年以来，中央将关键核心技术攻坚纳入《中共中央国务院关于支持深圳建设中国特色社会主义先行示范区的意见》《中国（上海）自由贸易试验区临港新片区总体方案》等重要政策文件，统筹谋划推进。中国科学院、清华大学、浙江大学、中国科学技术大学等科研院所持续发挥自身研究优势，研究范围覆盖基础理论、基础技术、先进工艺等各个方面；阿里巴巴、腾讯、百度、华为等企业更加深入参与基础技术、前沿技术创新活动，一批成果相继投产，研发主体作用彰显。

2.2 网络信息基础性技术稳步发展

一年来，中国网络信息基础性技术稳步发展、不断突破，高性能计算实力稳居国际前列，集成电路与软件技术部分实现单点突破，在解决“缺芯少魂”问题上取得一定进展。

2.2.1 高性能计算实力提升

当前及未来较长时期内，网络信息技术突破和应用都是各国科技战略的必争之地。凭借巨大的数值计算和数据处理能力，高性能计算技术成为实现新一代网络信息技术突破和广泛应用的重要途径。以超级计算机为代表的高性能计算技术广泛渗透到科技创新、经济发展、社会生活的各个方面，全面应用在天体物理、气候科学、海洋、航空航天、生命科学、人工智能、大数据等诸多领域，扮演着越来越重要的角色。

1. 超级计算机持续保持数量上的优势

超级计算机是高性能计算的重要载体，集中体现一国在网络信息技术竞争中的强国地位。中国在超级计算机研发方面布局很早，经过数十年发展，实现诸多自主创新突破，成功研制了"银河""天河""曙光"等多个系列的超级计算系统，形成领先地位和优势。2019 年 6 月，国际超级计算机性能评测组织——TOP 500 公布最新一期全球超级计算机 500 强榜单，中国超级计算机上榜 219 台，美国上榜 116 台、日本上榜 29 台、法国上榜 19 台、英国上榜 18 台、德国上榜 14 台[1]。中国继续保持上榜数量优势，其中，"神威·太湖之光"超级计算机系统排名中国第一、世界第三，浮点运算性能为每秒 9.3 亿亿次，包括处理器在内的所有核心部件均实现国产化。同时也要看到，对比排名第一的美国"顶点"（Summit）超级计算机，中国超级计算机在性能指标上还存在一定差距。

总体来看，目前中国高性能计算技术稳步提升，正在积极向百亿亿（E）级运算能力前进。具备自主知识产权的新一代 E 级超级计算机的三台原型机"神威""天河三号""曙光"均已完成研发，逐步开放应用，预示中国 E 级超算将很快进入实质性研发阶段。

2. 智能计算成为高性能计算的重要应用场景

随着深度神经网络的成熟和大数据技术的蓬勃发展，超级计算和智能计算发生"历史性会合"，高性能计算机从主要用于科学计算向同时兼顾大数据和机器学习的方向发展。2019 年 8 月，清华大学类脑计算研究

[1] http://www.top500.org/lists/2019/06/。

中心研发出了世界首款异构融合类脑计算芯片——“天机芯”，该芯片由156 个计算单元（Fcore）组成，包含约 40 000 个神经元和 1 000 万个突触，将基于计算机科学和基于神经科学两种方法集成到一个平台，有效地推动人工通用智能研究应用。基于该研究成果的论文“面向人工通用智能的异构天机芯片架构”（*Towards Artificial General Intelligence with Hybrid Tianjic Chip Architecture*）于 8 月 1 日在权威科技杂志英国《自然》（*Nature*）发表，实现了中国在芯片和人工智能两大领域的《自然》论文零发表的突破。

2.2.2 软件技术各领域取得一定进展

软件是新一代信息技术的灵魂，是网络强国和制造强国建设的关键支撑。中国是全球软件产业发展的重要增长极，2018 年全行业完成业务收入 6.3 万亿元，同比增长 14.2%，实现利润总额 8 079 亿元，同比增长 9.7%；特别是软件产业创新能力大幅提升，2018 年，软件行业研发强度达到 10.4%，软件著作权登记数量突破 110 万件，创新成果不断涌现[1]。从软件技术体系发展态势来看，操作系统和工业软件已经成为网络信息产业和先进制造业发展的关键支撑，是当前各方集中力量攻关方向；“软件定义一切（SDX）”代表了信息科技领域软/硬件协同发展的新趋势，得到各方高度重视。

1. 国产操作系统加快发展

操作系统是躲不开绕不过的基础性软件。长期以来，国外操作系统

[1] 澎湃新闻：https://www.thepaper.cn/newsDetail_forward_3789879，最后访问时间：2019年 9 月 4 日。

在中国市场占据主导地位。截至2019年6月，安卓在移动端的渗透率达到78.23%，Windows在桌面端计算机的渗透率达82.55%[1]。各方纷纷加大操作系统自主研发力度，在一些专用领域已经形成一定规模的使用；新兴物联网领域也已形成多套解决方案，并有多个落地项目。

1）桌面端、移动端操作系统开发均取得积极进展

目前，中国的桌面计算机操作系统研发主要基于开源操作系统Linux，整体性能不断提升，已形成多种成果，如中标麒麟（NeoKylin）操作系统、银河麒麟（Kylin）操作系统、深度（DeepIn）操作系统等。2019年7月，深度操作系统（DeepIn）发布新版本，在世界Linux发行版的排名上升至第11位。在移动端操作系统方面，多家科研院所和企业进行了开发和研究，一批成果异军突起。中国科学院于2019年4月发布智能操作系统FactOS v1.0，支持多款处理器和加速器、编程框架、数据集以及神经网络模型，可广泛应用于深度学习等场景。华为于2019年4月发布方舟编译器，并于8月正式开源，可以对安卓应用的Java源码实现静态编译，使得操作系统的部分核心组件有了国产自主可控的替代性选择；2019年8月，华为正式发布自研的基于微内核的全场景分布式操作系统“鸿蒙”（HarmonyOS），具有低时延、支持按需扩展等特点，计划于2020年实现“内核及应用框架”的自研。

2）云操作系统形成一定竞争实力

基于Linux的国产麒麟操作系统已在电力行业应用高达5万多套、在航天领域达6千多套。[2]阿里巴巴发布的镜像分发系统Dragonfly 正式

---

[1] 数据来源：https://gs.statcounter.com/，统计时间2019年7月。

[2] https://news.changsha.cn/cslb/html/111874/20190619/46527.shtml.

加入全球顶级开源社区云原生计算基金会（CNCF），成为其沙箱级别项目（Sandbox Level Project），云原生价值受到行业认可。华为推出基于开源的 OpenStack 架构开发的 FusionSphere 云操作系统，整个系统专门为云设计和优化，提供强大的虚拟化功能和资源池管理、丰富的云基础服务组件和工具。阿里云在 2018 年杭州 • 云栖大会上公布了面向万物智能的新一代云计算操作系统——飞天（Apsara）2.0，可满足百亿级设备的计算需求，覆盖从物联网场景到超级计算的能力，实现从生产资料到生活资料的智能化。此外，平凯星辰公司（PingCap）自主研发的开源分布式关系型数据库 TiDB，已经具备商业级数据库的可靠性和安全性。

3）物联网操作系统快速发展

在 5G 技术商用带动下，多方发力物联网操作系统的开发。华为依托 LiteOS 物联网操作系统研发出智能停车、智能水表、智能照明等商业落地项目。阿里巴巴统一了智能车联网操作系统 AliOS 中的开发框架和标准，发布了轻量级的物联网操作系统 AliOS Things。中国科学院推出了基于 Linux 和 FreeRTOS 的 RISC-V 开源指令架构专用操作系统 RVOS。RT-Thread 和 SylixOS 等其他多个平台也在稳步发展。

4）云桌面技术助力生态系统平滑迁移

为解决目前国产操作系统生态不完善的问题，提供更好的用户体验，华为、深信服、升腾威讯等云桌面厂商纷纷推出各自的混合架构解决方案。这些方案使用桌面虚拟化和应用虚拟化技术，推动 X86 云端桌面和应用在国产操作系统终端上实现无缝融合运行。在关键技术方面，服务端混合架构除了服务器 CPU 异构外，桌面传输协议也采用了异构的模式，与 X86 桌面通常采用的 VDI 模式不同，国产化桌面采用了 IDV 模式，用终端的计算性能分担服务器端的计算任务，以保证桌面的流畅运行。

2. 软件定义行业应用日益深化拓展

互联网的核心价值是连接，连接主要依赖于软件技术。随着人工智能、物联网、大数据等技术深入发展，软件定义网络（SDN）、软件定义存储（SDS）、软件定义计算（SDCP）等技术不断丰富发展，“人—机—物”日益加速融合，“软件定义一切（SDX）”受到越来越多的关注。软件定义的核心就是通过硬件资源虚拟化、管理功能可编程，更好发挥软件在控制硬件资源中的主要作用，提供更开放、灵活、智能的管控服务。中国电子学会于2019年4月成立了软件定义推进委员会，加强软件定义领域的“产、学、研”合作。从发展实践来看，软件定义不断加快拓展和延伸，在多个领域应用并取得可观成果。例如，截至2019年6月，中国科学院研发的软件定义卫星“天智一号”已经通过软件上注的方式，成功开展了星箭分离成像、自主请求式测控、空间目标成像等10多项在轨试验。华为的FusionStorage是业界首个数据中心级融合分布式存储，可打通不同数据类型、不同生命周期、不同空间分布、不同业务类型的数据壁垒，实现一个数据中心一套存储。

3. 工业软件特别是计算机辅助软件发展取得一定进步

工业软件是智能制造的重要基础和核心支撑。总体上看，虽然中国工业软件企业与国外企业差距较大，但云计算、物联网、大数据等新一代信息技术与工业融合不断深入，给中国工业软件发展带来了新的机遇。一年来，中国的计算机辅助软件获得较大进步。例如，中望软件将自有知识产权的计算机辅助设计（CAD）、计算机辅助分析（CAE）、计算机辅助制造（CAM）工具进行一体化整合，形成自主可控的国产工业软件；浩辰公司将CAD协同设计系统直接嵌入CAD设计软件中，通过远程异地协作解决多专业配合质量问题，实现从提高单点效率到提高整体效率的过渡。重庆励颐拓软件于 2019 年 6 月上线国产自主工业仿真软件产品 LiToSim，已经应用于中国高铁的建设中。企业级研发管理平台扣钉（CODING）发布云端在线协同编程平台 Cloud Studio，将项目管理、代码开发、云服务托管等合而为一，有效地提升软件开发效率、快速计算能力与云端协作能力，让用户体验“云端办公”的便利快捷。但是，在电子设计自动化（EDA）方面，中国技术实力薄弱，国内 EDA 解决方案无法满足信息化发展需求。

2.2.3 集成电路技术持续发展

集成电路是信息技术产业的“粮食”，战略性、基础性和先导性作用突出。加快发展集成电路是当前抢抓新一轮科技和产业革命机遇、培育经济发展新动能的战略选择，是深化供给侧结构性改革、推动经济高质量发展的根本举措。总体来看，中国网络信息技术创新活跃，数字经济蓬勃发展，万物互联、智能制造等加快推进，持续形成强劲的集成电路需求，形成推进集成电路技术突破和产业发展的强大动力。

1. 基础芯片研发实现单点突破

1）多种架构计算芯片同步发展

国内中央处理器（CPU）芯片领域持续保持 X86 架构、MIPS、ARM、Power、Alpha 等多架构并存局面，海光、龙芯、华为海思、申威等企业积极推进开发，相关产品开始大量应用于服务器市场和移动端市场。部分企业启动通用图形处理器（GPU）等芯片研发，主要采用国外 IP 来搭建 SoC 系统，如龙芯的 2H 系列、北大众志的天道、华为海思的 MALI，整体距国际先进水平还有较大差距。

2）存储芯片企业积极布局自主核心技术

包括长江存储、合肥睿力、兆易创新等一批领军企业积极推进存储技术的攻关。在动态随机存取存储器（DRAM）方面，合肥睿力预计在2019年年底量产19nm级8Gb LPDDR4内存芯片。在NAND闪存芯片方面，长江存储于2019年9月实现量产基于Xtacking架构的64层256Gb TLC 3D NAND闪存，并推出了Xtacking 2.0三维闪存技术将NAND速度推升到3.0Gb/s。总体来看，中国存储芯片发展势头良好，但形成大规模产业还需持续创新突破。

3）通信芯片特别是移动智能终端5G基带芯片设计达到世界先进水平

海思和展讯在ARM架构授权下自研内核芯片，实现了LTE多模多频的64位多核SoC芯片，设计工艺进入7nm。射频芯片与国际水平相比仍存在较大差距，主要设计企业有紫光展锐、唯捷创芯、智慧微、中科汉天下等。关于5G基带芯片，目前全球共有4家制造商，除了高通，其余均为中国自主设计，产品包括华为巴龙5000、联发科技M70以及紫光展锐2019年发布的春藤510。春藤510芯片具备高集成、高性能、低功耗等特点，可支持多项5G关键技术。

2. 多种先进工艺取得进步

集成电路制造工艺不断完善，12英寸生产线工艺制程覆盖65～14nm，8英寸生产线工艺制程覆盖0.25μm～90nm，6英寸生产线工艺制程覆盖1.0～0.35μm，均已实现规模化生产。在关键设备方面，自主生产的集成电路关键装备已经实现了部分突破，总体水平达到28nm，离子注入机、刻蚀机、物理气相沉积（PVD）、化学机械抛光（CMP）等16种关键设备通过大生产线验证并投入运用。其中，刻蚀机已经具备了一定国际竞争力，在先进生产线中获得了大量应用，如中微半导体的5nm工艺等离子刻蚀机进入国际主流企业供应体系；国产测试设备主要集中在模拟/数模混合测试设备，国产率约达到 80%；沉积设备进步明显，自主开发的 PVD 设备已进入 14nm 工艺评价阶段。

3. 开源硬件紧跟国际前沿水平

开源硬件具有极大的延展性和便利性，在加快技术革新具备便利优势。国内开源硬件的重点有 RISC-V 和 MIPS 等。开源指令集架构 RISC-V 前沿研究稳步推进，与国外开源社区保持同步发展；相关企业正在研制基于 RISC-V 的产品，其中阿里平头哥在 2019 年 8 月发布的玄铁 910 处理器，可大大降低高性能端上芯片的设计制造成本，是当前性能最佳的 RISC-V 芯片之一。MIPS R6 对外开源，但并不兼容 MIPS 早期版本，相关生态建设正在进行。

4. 国产芯片助力服务器整机性能提升

以华为鲲鹏 920 处理器为核心的泰山（TaiShan）服务器已在国内大规模上市，通过集成众多的计算核心，实现综合性能与当前主流 x86 服务器持平。以龙芯 3B3000 为核心的天玥 SR117220 服务器综合性能测试接近市面主流 intelE5 处理器水平。随着中国芯片厂商的发力及整机厂商对设计的优化，基于申威、海光等国产 CPU 的服务器整机性能有望快速提升。

2.3 前沿热点技术创新活跃

当前，全球科技创新进入空前密集活跃的时期，以人工智能、量子信息、物联网、区块链、5G 为代表的前沿性技术不断涌现、加速突破应用。中国强化政策规划和目标引导，在 5G、云计算等前沿领域取得成果，不断加快实践运用。与此同时，瞄准世界科技前沿持续发力，在人工智能、量子信息等部分细分领域形成了一定优势。

2.3.1　人工智能发展持续深化

人工智能是引领新一轮科技革命和产业变革的战略性技术，具有溢出带动性很强的“头雁”效应。在移动互联网、大数据、超级计算、传感网、脑科学等新理论新技术的驱动下，人工智能加速发展，呈现出深度学习、跨界融合、人机协同、群智开放、自主操控等新特征，正在对经济发展、社会进步、国际政治经济格局等方面产生重大而深远的影响。加快发展新一代人工智能是赢得全球科技竞争主动权的重要战略抓手，是推动科技跨越发展、产业优化升级、生产力整体跃升的重要战略资源。

1. 人工智能芯片加快发展

作为算法运行基础的芯片受到越来越多的关注，人工智能芯片和相关硬件先后成功研发。华为于 2018 年 10 月正式发布了 7nm 工艺制程的“昇腾 910”和 12nm 工艺制程的“昇腾 310”两颗通用 AI 芯片。其中，“昇腾 910”的单芯片计算密度最大，半精度算力达到了 256 每秒浮点运算次数（TFLOPS）；“昇腾 310”则主打终端低功耗 AI 场景，半精度计算力为 8 TFLOPS，最大功耗为 8W。此外，多家人工智能企业也推出了结合应用场景的专用人工智能芯片，例如，云知声于 2019 年 1 月公布正在研发的第二代物联网语音 AI 芯片“雨燕 Lite”、面向智慧城市的支持图像与语音计算的多模态 AI 芯片海豚（Dolphin），以及面向智慧出行的车规级多模态 AI 芯片雪豹（Leopard）等；依图科技于 2019 年 5 月推出专为云端定制的深度学习视觉推理 AI 芯片“求索”（Questcore）。

2. 多种人工智能算法取得进展

作为自然语言处理（NLP）的一项基础性任务，语义角色标注（SRL）逐渐成为研究重点，越来越多研究人员开始构建无句法输入的端到端语义角色标注模型。2019 年 3 月，云从科技联合上海交通大学基于原创的 DCMN 算法，提出一种端到端统一语义角色标注方法，在大型深度阅读理解任务中取得了超越高中生的准确率，成为世界首个机器阅读理解超过人类排名的 NLP 模型。

语义分割作为计算机视觉领域的基础任务之一，一直是非常重要的研究方向。现代语义分割方法通常会在主干网络中使用扩张卷积来提取高分辨率特征图，由此带来了极大的计算复杂度和内存占用率。针对这种情况，2019 年 4 月，中国科学院联合深睿提出新型上采样模块（Joint Pyramid Upsampling，JPU），可在多种方法中替代扩张卷积，在不损失模型性能的情况下，有效降低了计算复杂度和内存占用率。

此外，底层神经元模型创新发展。清华大学、谷歌和字节跳动的研究者提出了一种神经-符号架构——神经逻辑机（NLM），通过正向链模型，有效降低了逻辑复杂度，实现神经网络应用于逻辑推理。

3. 人工智能开源软件蓬勃发展

众多人工智能公司纷纷开源机器学习框架，在发展框架生态的同时，也降低了人工智能在不同应用领域的入门门槛。2018 年 12 月—2019 年 5 月期间，阿里分别推出用于广告业务的算法框架 X-Deep Learning（XDL）、机器学习平台 PAI v3.0、轻量级的深度神经网络推理引擎 Mobile

Neural Network（MNN）等开源软件。2019 年 5 月，商汤科技发布了一系列创新的人工智能开源软件平台，包括 SenseStudy AI 教育实验平台、SenseAR Avatar 整体解决方案，持续深化人工智能技术赋能产业成效。

深度强化学习是近年来人工智能领域内最受关注的研究方向之一，并已在游戏和机器人控制等领域取得很多成果。2019 年 1 月，百度 Paddlepaddle 正式发布了深度强化学习框架 PARL，同时开源了在第 32 届神经信息处理系统大会强化学习赛事中夺冠的 PARL 的完整训练代码。与现有强化学习工具和平台相比，PARL 具有更高的可扩展性、可复现性和可复用性，支持大规模并行和稀疏特征，能够快速对工业级应用案例的验证。

4. 人工智能在多个领域实现落地

自动驾驶领域的人工智能应用不断深入，知名汽车厂商及互联网企业纷纷投入资金进行研发。2019 年 7 月，百度和一汽红旗打造的中国首条 L4 乘用车前装生产线正式投产，首批量产的 L4 级自动驾驶乘用车率先落地长沙。百度同时发布 Apollo 5.0 版本，涵盖 Apollo 开放平台以及 Apollo 企业版两大升级。其中，Apollo 开放平台重点升级十七大能力，开放数据流水线，向开发者开放智能数据采集器、开放合成数据集、大规模云端训练、自定义仿真验证器、开放数据应用集以及与 Apollo 开源平台无缝兼容的六大数据能力，打通数据采集、训练、验证和整体发布流程。

计算机视觉技术衍生出了一大批快速成长的应用。深醒科技以人脸识别技术切入 AI 行业，面向安防监控、金融、地产、学校、医院等领域提供多种解决方案。依图科技与浦发银行合作实现远程视频柜员机（VTM）和手机银行的人脸身份认证。格灵深瞳发布了基于计算机视觉技术的、深瞳慧目摄像机、深瞳人眼摄像机、皓目行为分析仪、小灵瞳学机器人等智能硬件，并提供、全目标结构化系统、视频图像解析系统、人脸识别系统、移动布控系统等应用平台。

2.3.2 边缘计算迈出稳健发展的步伐

作为新型的数据计算架构和组织形态，边缘计算扩展了数据计算的范畴，将计算从云中心扩展到了设备端，更加便捷提供智能服务。随着5G时代的到来，网络边缘设备产生的数据量快速增加，带来了更高的数据传输带宽需求、更快的数据处理需求，边缘计算获得快速发展，加快进入市场。2019年，得益于操作系统、算法平台及安全隐私等关键技术的演进，中国边缘计算迈出稳健发展的步伐。

1. 边缘计算操作系统设计向专用应用场景发展

边缘计算操作系统向下需要管理不同结构种类的计算资源，向上需要处理大量的异构数据及多种应用的负载，保证计算任务的可靠性和资源的最大化利用成为边缘计算操作系统的研发方向。国讯芯微于2019年5月发布了完全自主研发的工业物联网实时操作系统——NECRO，可满足工业现场数据融合和深度建模需求，降低边缘计算的使用门槛。中科海微于2019年8月初步完成具有中国自主知识产权的边缘计算操作系统“Seaway”（海微）的研发，如同超轻量的物端安卓，能够支持第三方应用的开发、加载、执行和卸载。此外，针对智能家居、智能网联车、智能机器人等应用场景的边缘计算操作系统正处于研发过程中。

2. 边缘计算平台倾向于云边端一体化发展

随着5G时代到来和物联网（IoT）的发展，未来的计算将不仅仅局限在大型数据中心，而将分布在由“云-边-端”构成的一体化连续频谱上。2018 年以来，国内企业在云边端一体化方面积极布局。阿里云发布了 IoT 边缘计算产品 Link Edge 公测，致力于打造云边端一体化计算平台。百度云开源智能边缘计算平台 OpenEdge，将云计算能力拓展至用户现场，提供临时离线、低延时的计算服务。2019 年 1 月，百度发布“端云一体”解决方案——智能边缘计算产品 BIE，可完成一键发布和无感部署，提高智能迭代的速度。2019 年 7 月，华为云开源的智能边缘项目 KubeEdge 荣获“尖峰开源技术创新奖”，成为云原生计算基金会（CNCF）在智能边缘领域的首个正式项目。北京青云科技股份有限公司（简称青云）于 2019 年 7 月发布 QingClIoT 物联网服务平台和 EdgeWize 边缘计算平台，助力实现云网边端一体化。紫光展锐于 2019 年 8 月推出高性能 AI 边缘计算平台——虎贲 T710，为各类丰富的应用提供高效能、低功耗的技术基础。在苏黎世联邦理工学院公布的 AI Benchmark 最新全球 AI 芯片测试榜单中，虎贲 T710 以优异的成绩夺魁。

3. 边缘计算安全和隐私设计进入起步阶段

边缘计算将计算推至靠近用户的地方，避免了数据上传到云端，降低了隐私数据泄露的可能性，但由于边缘计算设备通常处于靠近用户侧，在传输路径上存在更高的被攻击的可能性。近年来，由硬件协助的可信执行环境（TEE）等一些新兴安全技术应用到边缘计算中，但总的研究成果还不多。目前，对边缘计算安全和隐私保护的研究工作已经启动，成为前沿重点研究课题。

2.3.3　大数据技术创新速度和能力水平逐步提升

随着信息技术和人类生产、生活的交汇融合，全球数据呈现爆发式增长、海量集聚的特点，大数据技术辐射的行业也从传统的电信、金融领域逐渐扩展到工业、医疗、教育等领域。随着大数据政策体系的逐步完善，中国独有的大体量应用场景和多类型实践模式促进了大数据领域技术的创新速度和能力水平的提升。

1. 大数据应用持续扩展

阿里于 2019 年 7 月发布阿里云飞天大数据平台，可扩展至数量为 10 万台的计算集群。相关资料显示，这款中国唯一自主研发的大数据计算引擎集群规模一举超过微软、亚马逊等公司[1]。

在大数据应用全面性上，中国平台类、管理类、应用类技术均有大面积落地案例和研究结果，带来众多类型的实践模式。百度于 2019 年 5 月发布了百度点石大数据平台，迎合未来数据融合的发展趋势，提供底层数据技术与服务，搭建以数据安全融合为驱动力的一站式在线开发、服务托管和交易流通平台。华为于 2019 年 7 月发布了华为云鲲鹏大数据服务，将鲲鹏大数据 MapReduce 服务、鲲鹏数据仓库服务、鲲鹏云搜索服务上线，加速企业智能化升级；2019 年 8 月，华为云发布鲲鹏大数据解决方案——BigData Pro，以可无限弹性扩容的鲲鹏算力作为计算资源，提供“存算分离、极致弹性、极致高效”的全新公有云大数据解决方案。腾讯云于 2019 年 8 月发布了五大战略级新品，即腾讯云数据库智能管家 DBBrain、腾讯云云原生数据库 CynosDB、腾讯云数据库 TBase、腾讯云灾备服务 DBS、腾讯云 Redis 混合存储，助力百万企业全面“上云”。

2. 大数据产品的效率能力较好

2018 年 11 月，阿里云三款产品 MaxCompute，DataWorks 和

---

[1] 《阿里云飞天大数据平台 已成全球集群规模最大计算平台》，《重庆商报》2019 年 7 月 29 日。

AnalyticDB入选全球权威IT咨询机构Forrester Wave Q4 2018云数据仓库研究报告，产品能力综合得分全球第七、中国第一，并在产品功能（Current Offering）方面超过微软[1]。2019年5月，腾讯大数据处理套件TBDS产品荣登数博会2019“十佳大数据案例”及“全国百家大数据优秀案例”榜单，可提供数据接入、分析到数据治理和管理的一站式数据处理和挖掘平台，适用于从TB到PB级的大数据处理场景[2]。

同时也要看到，中国大数据虽然在局部技术上实现了单点突破，但多为基于国外开源产品的二次改造，相关的大数据处理工具如数据采集、数据处理、数据分析、数据可视化技术等基本上是“他山之石”，系统性、平台级核心技术创新仍不多见。例如，目前国内主流大数据平台技术中，自研比例不超过10%[3]。面向未来，大数据自主核心技术突破还需加快提上日程。

2.3.4 虚拟现实技术发展升温

虚拟现实（VR）由于融合了多媒体、传感器、新型显示、互联网和人工智能等多领域技术，能够极大拓展人类感知能力、改变产品形态和服务模式，对经济、科技、文化、军事、生活等具有重大影响。当前，各类创新主体纷纷进入虚拟现实领域，技术进步和产品升级不断加快，各种创新应用不断涌现，全球领军企业都在加紧向虚拟现实布局。近年来，中国虚拟现实产业相关关键技术进一步成熟，已成为全球最重要的

---

[1] 数据来源：*The Forrester WaveTM: Cloud Data Warehouse*, Q4 2018。

[2] 数据来源：2019中国国际大数据产业博览会发布的《大数据优秀产品和应用解决方案案例集（2019）》。

[3] 前瞻产业研究院：《2019年中国大数据产业市场分析：发展进程显著，四大建议解决五大发展挑战问题》，2019年3月14日。

虚拟现实终端产品生产地。在 5G 技术商用背景下，虚拟现实技术在 2019 年逐渐升温，获取与建模技术、分析与利用技术、交换与分发技术、展示与交互技术等获得发展进步。

1. 获取与建模技术取得一定成果

数字内容的获取对设备的便捷化、大众化和内容的灵活化、完整化提出了要求。在数字内容生成方面，卡通动漫产业中的数字内容生成已具备一定的发展基础，达到年产 1 万分钟的制作能力，已形成网上自主协作生产线；二维动画制作技术已经成熟并得到应用，但在制作高质量的 3D 动漫以及基本素材库的建设和可重用率方面还处在研发阶段，整体上尚未形成高质量、高效率的完整动漫制作与加工技术服务体系。在数字内容创作方面，网络游戏（以下简称网游）制作技术已大为提高，与国外先进水平的差距逐步缩小，企业由代理运营转变为自主研发创作工具，逐步形成一定的制作规模。盛大、金山等公司开发了多款具有自主知识产权的网游作品和游戏引擎。北京完美时空公司自主研发了游戏引擎 Angelica，网龙公司自主研发了 2D、2.5D 引擎。但总体来说，国产游戏引擎起步较晚，完整性也比较薄弱。

建模技术领域：在表面属性获取方面，目前国内多家单位积极推进多维全景动态光场采集技术与系统研究；在运动捕获系统研发方面，已开发低成本的基于标记点的运动捕获系统，取得了一定成果。

2. 分析与利用、交换与分发技术和基础设施重要性凸显

分析与利用技术是国家自然科学基金、973 计划、863 计划等重点支持的方向，但目前尚处于单机算法层面，已开展的相关研究与网络化、服务化的结合还不够；一些企业发展较快，但是多处于跟踪模仿阶段，

自主创新较少。交换与分发技术核心是开放的内容交换和版权管理技术，相关基础设施比较落后，特别是尚未建立起面向第三方的内容产业发展急需的贯穿内容制作、发布、流通与消费过程的资源管理平台、交易平台以及传输平台等服务平台。由于缺乏开放的内容交换和交易基础设施的支持，中国的数字内容产业链尚未真正成型。

3. 展示与交互技术向着自然和谐的人机交互方向发展

在显示技术方面，中国在裸眼三维显示装置和头盔显示器方面取得了较大进展。其中，360°裸眼三维显示装置的研发实现了从无到有的突破，目前这方面的技术已经达到国外同类设备技术水平，但在可靠性和产业化方面尚需努力。在头盔显示器方面，开展了基于自由曲面光学系统的新一代大视场轻型透视式头盔显示系统原理样机的研制，各项技术指标优于国外已有专利保护产品。在真三维显示技术方面，基于高速投影机和螺旋屏、旋转LED屏、多层液晶屏、可变焦电润湿透镜的不同实现方案取得显著进展，但技术成熟度与国外相比尚有差距。2019年6月，耐德佳与计算机视觉新秀诠视科技宣布超大视场角6个自由度的MR头显解决方案，通过手势、物体识别等交互能力，可满足体验者对于图像平滑、无抖动的诉求。

在人机交互方面，围绕自然、和谐交互这一趋势，在基于视觉、触力觉、传感器的交互方式等方面取得了进展。基于视觉的交互技术主要研究了跟踪定位和手势识别与处理等，在有标识及无标识的跟踪定位方面取得了一些进展，凌感科技（uSens）于2019年6月发布了在单目彩色摄像头上运行的三维骨骼手势跟踪识别，可识别手部22个关节点的26自由度信息，关节点包括3D位置信息和3D旋转信息。在触力觉交互技术方面，总体上比较侧重触力觉生理、心理实验等理论研究，触力觉装置开发基本在停留在实验室原理验证阶段，与国外产品相比差距较大。基于肌电传感器的人机交互技术具有新颖性，但在设备使用方便性上需要进一步改善。

2.3.5 量子信息技术研发持续推进

整体来看，中国量子通信研究与技术积累拥有一定优势，特别是基于墨子号卫星的自由空间量子纠缠建立、量子隐形传态、量子密钥分发，基于芜湖量子政务网、京沪干线的光纤基量子密钥分发等技术均已处于世界先列水平；但在量子计算芯片研制、量子化学模拟、量子机器学习、量子精密测量等领域，则处于后发追赶位置。

量子通信取得实践性成果。量子密钥分发技术（QKD）最为成熟，在诱骗态方案方面形成基于墨子号量子通信卫星实现的 1200km 量级的自由空间 QKD、基于京沪干线实现的密钥生成率超过 20kb/s 的光纤基 QKD 等。清华大学的研究团队验证了无须量子中继的双场量子密钥分发（TF-QKD）协议的安全性[1]。其他的通信协议也在不断发展成熟并推动着量子网络的建设进程，特别是量子安全直接通信（QSDC）可行性、安全性得到验证，为后续相关实用化进程提供了有力保障[2]。

量子计算研究部署全面展开。阿里巴巴、腾讯、百度、华为等企业积极布局量子计算，中国科学院、清华大学、浙江大学、中国科学技术大学等高校院所持续开展相关研究，在硬件实现、软件开发等方面成果不断涌现。其中，量子云平台等成果可在短期内应用于基础研究、量子计算教育等方面。与国际主流技术方案类似，国内量子计算的物理实现以基于超导的固态系统为主，离子阱、液态核磁共振、氮空位金刚石色

[1] 来源：期刊 *Physical Review X*，2018 年第 8 卷第 3 期。

[2] 来源：期刊 *Light: Science & Applications*，2019 年第 8 卷第 1 期。

心（NV 色心）等平台同步发展。华为发布量子计算模拟器 HiQ 云服务平台并对外开放，最高可模拟全振幅 42 比特量子态及单振幅 81 以上比特量子态，可实现数万量级量子比特的纠错电路模拟，性能达到同类模拟平台的 5～10 倍，为相关研究和教育提供了极大便利。本源量子计算公司推出了一整套量子计算相关产品，涵盖量子芯片、量子测控、量子软件及量子云服务等。

此外，量子传感在复杂场景下的测量方法与测量精度进一步提升，在原子钟、量子陀螺仪等设备中的高精度测量部分有重要的应用前景。中科大团队在国际上首次实现了海森堡量级精度的非对易动力学参数估计，为后续研发奠定了基础[1]。

当前，全球科技创新已进入密集活跃期，特别是新一轮网络信息技术加快创新突破，中国既面临发展机遇，也面临风险挑战，需要补齐“短板”、拉长“短腿”，特别是要加快基础领域、前沿领域的关键技术攻关。随着中国的市场优势、应用优势转化为驱动网络信息技术发展特别是关键核心技术攻关的强大动力，新技术新应用新业态有望加快突破、创新发展，为推动经济社会新的发展变革创造有利条件。

[1] 来源：期刊 *Physical Review Letters*，2019 年第 123 期。

第 3 章　数字经济发展

3.1　概述

中国正处于高速增长向高质量发展转变的关键时期，大力发展数字经济是贯彻落实“巩固、增强、提升、畅通”八字方针的重要举措，对深化供给侧结构性改革、推动新旧动能接续转换、实现高质量发展具有重要意义。在外部环境复杂严峻、世界经济面临下行压力的大背景下，中国数字经济保持持续快速增长，数字经济结构完善优化，产业数字化深入推进，数字产业化稳中有进，数字经济吸纳就业能力显著增强，发展新动能持续壮大。

一年来，中国数字经济稳中有进，已成为稳增长促发展的重要推动力。从总量上看，2018 年，中国数字经济规模达到 31.3 万亿元，按可比口径计算，同比名义增长 20.9%，占 GDP 的比重达到 34.8%[1]，同比提升 1.9 个百分点，对 GDP 增长的贡献率达到 67.9%，同比提升 12.9 个百分点。从结构上看，2018 年，数字产业化规模为 6.4 万亿元，进入稳步增长期；产业数字化规模达到 24.9 万亿元，数字经济与实体经济的融合不断深化。

---

[1] 数据来源：国家互联网信息办公室发布的《数字中国建设发展报告（2018 年）》。

数字经济对就业带来深刻影响，成为优化就业结构、实现稳就业目标的重要渠道。网络购物、共享经济、直播等数字经济新模式新业态创造了灵活就业新模式，拉动灵活就业人数快速增加。

3.2　新引擎作用日益凸显

当前，新兴技术加速渗透和扩散为经济增长带来新动力，以大数据、云计算、5G、人工智能等为代表的信息通信技术驱动数字经济快速发展。与此同时，全球经济下行压力持续增大，国际竞争格局日趋严峻复杂，中国劳动密集型产品全球份额处于下降态势，提升实体经济的数字化、网络化、智能化水平已经成为构筑全球新质竞争力的重要途径。

3.2.1　为新旧动能转换创造条件

数字经济既深刻改变了商品和服务的形态，也深刻影响着劳动者、生产工具、管理水平、运营模式等生产要素，正日益成为推动经济高质量发展的新动能。中国的数据规模优势逐步巩固，数据已经成为重要基础资源，不断转化为价值和效率，由数据流引领的技术流、物质流、资金流、人才流逐步汇集，推动全要素生产率加速提升、资源配置日益优化。基础信息资源和重要领域信息资源建设更加完善，信息通信技术的进步为创新带来更加强劲的驱动力。互联网、大数据、人工智能同实体经济加速深度融合，正逐步释放数字对经济发展的放大、叠加、倍增作用。2018 年电信业务总量达到 65 556 亿元，比 2017 年增长 137.9%。电子信息制造业发展呈现总体平稳、稳中有进的态势，规模以上电子信息制造业增加值同比增长 13.1%，快于全部规模以上工业增速 6.9 个百分点。互联网行业快速创新，移动支付、跨境电商等新兴业态不断孕育发展壮大，对经济社会发展的支撑作用不断增强，2018 年规模以上互联网和相关服务企业完成业务收入 9 562 亿元，同比增长 20.3%。

3.2.2 为人民群众带来更多幸福感、获得感

习近平总书记强调，网信事业发展必须贯彻以人民为中心的发展思想，把增进人民福祉作为信息化发展的出发点和落脚点。当前，网络信息技术正以前所未有的速度、广度和深度融入人民群众生活，信息服务模式日益多样，信息产品形态快速更新，信息消费正从低水平的供需平衡向高水平的供需平衡快速提升，在社会民生改善、社会治理创新等方面的作用越来越突出。“互联网+教育”“互联网+医疗”“互联网+出行”等新业态新模式聚焦于满足人民群众日益增长的美好生活需要，为人民群众带来更多幸福感、获得感。互联网助力精准扶贫、精准脱贫，网络覆盖、农村电商、网络扶智、信息服务、网络公益等网络扶贫五大工程扎实推进，让扶贫工作随时随地、四通八达，贫困群众的致富之路越走越宽，更多人平等享受到技术变革带来的红利。

3.2.3 为应对全球经济下行压力提供动力

全球经济整体处于新一轮康波周期（康德拉季耶夫周期理论）中段，传统增长引擎对经济的拉动作用减弱，仍未摆脱“新平庸”的风险。主要经济体政策调整及其外溢效应带来不确定因素，美国加息、减税、缩表等宏观政策对全球市场产生冲击，动摇世界经济复苏基础，阻碍全球投资和贸易复苏进程。国家统计局在 2019 年 7 月发布的宏观经济数据显

示，中国经济继续保持稳中有进，展现了巨大韧劲和潜力。其中，数字经济成为放大生产力的“乘数因子”，带来了新的经济增长点。以国内设备制造企业为例，全球排名前五的网络设备制造企业中国占了 2 家。其中，华为超越爱立信成为全球最大的电信基础设施供应商，在服务器出货量方面，华为、联想、浪潮持续保持在全球前五之内，京东方液晶面板出货量跃升全球第二，在全球市值排名前十的互联网公司里中国公司占 3 个。

3.3　宏观政策环境逐步完善

2018 年 12 月召开的中央经济工作会议强调，要注重利用技术创新和规模效应形成新的竞争优势，培育和发展新的产业集群。2019 年的《政府工作报告》提出，要深化大数据、人工智能等研发应用，培育新一代信息技术、高端装备、生物医药、新能源汽车、新材料等新兴产业集群，壮大数字经济。各部门加快推动政策出台，各级地方政府深化政策落地实施，各区域发挥自身优势，形成了上下贯通、协调联动、优势互补的数字经济发展格局。

3.3.1　加强战略规划引领

深入贯彻落实“互联网+”行动、国家信息化发展战略纲要、促进大数据发展行动纲要等重大战略，在顶层设计上支持和推动数字经济发展。国家发展和改革委员会等 19 个部门联合印发了《关于发展数字经济稳定并扩大就业的指导意见》，提出加快培育数字经济新兴就业机会、持续提升劳动者数字技能、大力推进就业创业服务数字化转型等政策举措。工业和信息化部、国务院国资委组织实施加快培育经济发展新动能专项行动，进一步提升信息通信业供给能力、补齐发展短板、优化发展环境，促进数字经济发展和信息消费扩大升级。中共中央办公厅、国务院办公厅发布了《数字乡村发展战略纲要》，着力发挥信息技术创新的扩散效应、信息和知识的溢出效应、数字技术释放的普惠效应，弥合城乡“数字鸿沟”，加快推进农业农村现代化，推进乡村治理体系和治理能力现代化。2019年颁布的部分涉及数字经济的政策文件见表 3-1。

表 3-1　2019 年颁布的部分涉及数字经济的政策文件

颁布时间	颁布主体	文件名称
2019 年 2 月	工业和信息化部 广播电视总局 中央广播电视总台	《超高清视频产业发展行动计划（2019—2022 年）》
2019 年 5 月	中共中央办公厅 国务院办公厅	《数字乡村发展战略纲要》
2019 年 7 月	交通运输部	《数字交通发展规划纲要》
2019 年 8 月	国务院办公厅	《关于促进平台经济规范健康发展的指导意见》

3.3.2　加快政策落地实施

各级地方政府将大力发展数字经济作为推动经济高质量发展的重要举措，加快政策落地实施。浙江省将数字经济作为“一号工程”来抓，大力发展以数字经济为核心的新经济，加快构建现代化经济体系。福建省深化实施《福建省人民政府办公厅关于加快全省工业数字经济创新发展的意见》，坚持创新引领与融合发展、市场主导与政府引导、包容审慎与安全规范，推动数字技术向工业各领域、各环节渗透，激发工业强劲发展动能。河南省印发了《2019 年河南省数字经济工作要点》，提出要加快构建数字经济发展新生态，努力打造全国一流的大数据产业中心、数字化新兴产业发展集聚区、国家数字经济发展先行区。广西壮族自治区深化实施《广西数字经济发展规划（2018—2025 年）》，积极推动数字产业集聚发展，重点培育发展大数据、云计算、人工智能、物联网、区块链、集成电路、智能终端制造、软件和信息技术、北斗卫星导航等数字产业。陕西省印发了《陕西省推进“三个经济”发展 2019 年工作要点》，提出实施数字乡村建设工程，统筹规范建设省级数字经济示范园区和示范基地，协调促进数字经济发展。天津市印发了《天津市促进数字经济发展行动方案（2019—2023 年）》，提出到 2023 年力争把滨海新区打造成为国家数字经济示范区。2019 年部分省（直辖市）发布的数字经济相关政策文件见表 3-2。

表 3-2　2019 年部分省（直辖市）发布的数字经济相关政策文件

省（直辖市）	发布时间	政策名称
福建省	2019 年 1 月	《关于印发新时代“数字福建·宽带工程”行动计划的通知》
	2019 年 3 月	《关于印发 2019 年数字福建工作要点的通知》
山东省	2019 年 3 月	《关于印发数字山东 2019 行动方案的通知》
天津市	2019 年 5 月	《天津市促进数字经济发展行动方案（2019—2023 年）》
陕西省	2019 年 5 月	《陕西省推进“三个经济”发展 2019 年工作要点》
黑龙江省	2019 年 6 月	《“数字龙江”发展规划（2019—2025 年）》
河南省	2019 年 7 月	《2019 年河南省数字经济工作要点》

3.3.3　加速区域协同发展

1. 京津冀地区推动大数据产业一体化发展格局

京津冀三地签订信息化协同发展协议，联合打造国内首个跨区域类大数据综合试验区，充分发挥各地区比较优势，带动更多行业与企业开放数据、利用数据、共享数据。雄安新区产业协调发展，吸引北京创新型、高成长性科技企业疏解转移，优化产业链协同格局。2018 年，该区域数字经济占 GDP 的比重超过 40%，增速超过 14%。

2. 长三角地区打造数字经济产业集群

长三角地区深化实施《长三角地区一体化发展三年行动计划（2018—2020 年）》，成立国家集成电路创新中心、国家智能传感器创新中心，共建共享民生工程，推进航运物流信息共享互通，着力打造全球数字经济发展高地，成为具有全球竞争力的世界级城市群。2018 年，长三角地区数字经济规模在各区域中排名第一，达到 8.63 万亿元。

3. 粤港澳大湾区抢占数字经济建设制高点

粤港澳大湾区推进数字经济融合创新发展，探索推进智慧城市群建设，深化新型智慧城市试点示范。其中，珠三角地区充分发挥广州和深圳两个国家超级计算中心的集聚作用，并依托广州、深圳等地区的信息通信产业优势，推进大数据综合试验区建设，加快突破智能制造发展瓶颈，2018 年，珠三角地区的数字经济占 GDP 的比重达到 44.3%，在各区域中占比最高。

4. 西北地区以数字经济助力经济振兴

2018 年，西北地区的数字经济增速超过京津冀地区和东北老工业基地，达到 16.7%，但数字经济内部结构仍有待优化，产业数字化占数字经济的比重达到 90.8%。在数字经济的助力下，西安等部分西北地区省会城市逐步缩小与东中部城市的差距，为其跻身“新一线”城市行列创造条件。

5. 数字经济成为东北全面振兴新增长点

东北老工业区发展数字经济，助力老工业基地新旧动能转换，推动各重点产业智能制造发展。2018 年，东北老工业基地数字经济增速达到 11.3%。但数字经济占 GDP 的比重仅为 25.6%，且数字产业化比重较高，产业融合发展仍有待加强，数字经济发展仍有较大空间。沈阳滚动实施智能升级项目，建成全国最大的机器人产业化基地，带动传统重工业城市加快实现产业数字化转型。

3.4　产业数字化趋向深度融合

新技术加速向实体经济各领域渗透融合，数字科技正重塑传统行业业务形态、制造流程、管理模式和发展理念，推动信息链、产业链、价值链深刻重构与变革，助力传统产业精准生产运行，全面提高生产效能。

3.4.1　工业互联网助推企业数字化转型

2018 年，中国的工业数字经济比重为 18.3%，介于服务业和农业所占比重之间，较 2017 年提升 1.09 个百分点，呈现加速增长态势。在石油和天然气开采产品、黑色金属矿采选产品、纺织服装服饰、家具、医药制品、钢/铁及其铸件、汽车整车和家用器具等工业典型行业，2018 年数字经济比重较 2017 年均提高 1 个百分点左右。

1. 工业互联网取得重要突破

在供给侧，网络支撑能力大幅提升，标识解析体系“东西南北中”五大国家顶级节点初步建立；平台供给能力不断强化，具有一定影响力的平台已超过 50 个，重点平台连接设备数平均达 59 万台（件），工业 App 创新活跃；安全保障体系加速构建，国家、省和企业级安全监测平台系统推进，自主研发的安全产品加快推广应用。

在需求侧，降本提质增效成果显著，先行先试企业劳动生产率提高超 20%，万元工业产值综合能耗降低超 6%；行业创新速度加快，制造企业借助工业互联网实现服务化转型，加快向价值链高端迁移；融通发展效果凸显，全行业资源汇聚能力不断增强，跨行业、跨地区的企业协作和产业集聚发展更为深入。例如，树根互联通过工业互联网平台连接 47 万余台各类工业设备，风电企业金风科技可在线监控运维全球近 19 000 台风机，预测故障并提前采取预防性维护措施。

2. 工业企业数字化转型实现有益探索

汽车、航空、电子等离散型工业企业的数字化转型探索丰富多样，对外通过网络化平台，有效整合全球的设计、制造、服务和智力资源，大幅缩短产品研制周期；对内通过建立生产现场设备、生产管理和企业决策系统纵向集成的数字车间和智能工厂，提升生产柔性化水平，提高生产效率。例如，上海商飞建立的全球网络化协同研发平台，通过国内跨地区协同研发和制造，使 C919 飞机研制周期缩短 20%，生产效率提高 30%，制造成本降低 20%，制造质量问题发生率降低 25%。冶炼、石化等流程型工业企业的数字化转型探索全面系统，领军企业通过构建覆盖能源供、产、转、输、耗全流程能源综合监测系统，建立生产与能耗预测模型、产能优化模型，实现能源生产和消耗一体化优化和协同，提高能源生产效率。例如，九江石化通过建立一体化的能源管控中心平台，以及针对高附加值用能的氢气和瓦斯产耗平衡模型和优化系统，对能源计划、能源生产、能源优化、能源评价进行闭环管控，从而实现节能降耗，能源利用效率在 3 年内提高了 4%。

3.4.2　服务业数字化深入发展

服务业数字化转型加速，各领域新模式新业态蓬勃兴起，2018 年，服务业数字经济比重为 35.9%，较 2017 年提升 3.28 个百分点，显著高于全行业平均水平。在分行业数字经济占比中，保险、广播电视电影和影视录音制作等的占比最高，分别达到 56.4%和 55.5%。

服务业数字化新模式新业态不断涌现，网络零售、移动支付等领域仍在加速发展，服务业数字化转型空间不断拓展，在带动消费增长、创业就业、产业转型方面展现出了强大的引领优势。

1. 网络购物

截至 2019 年 6 月，中国网络购物用户规模达 6.39 亿人，较 2018 年年底增长 2 871 万人，占网民整体的 74.8%；手机网络购物用户规模达 6.22 亿人，较 2018 年年底增长 2 989 万人，占手机网民的 73.4%。2019 年上半年，网络购物市场保持较快发展，下沉市场、跨境电商、模式创新为网络购物市场提供了新的增长动能。2016 年 6 月—2019 年 6 月中国网络购物用户规模及使用率如图 3-1 所示。

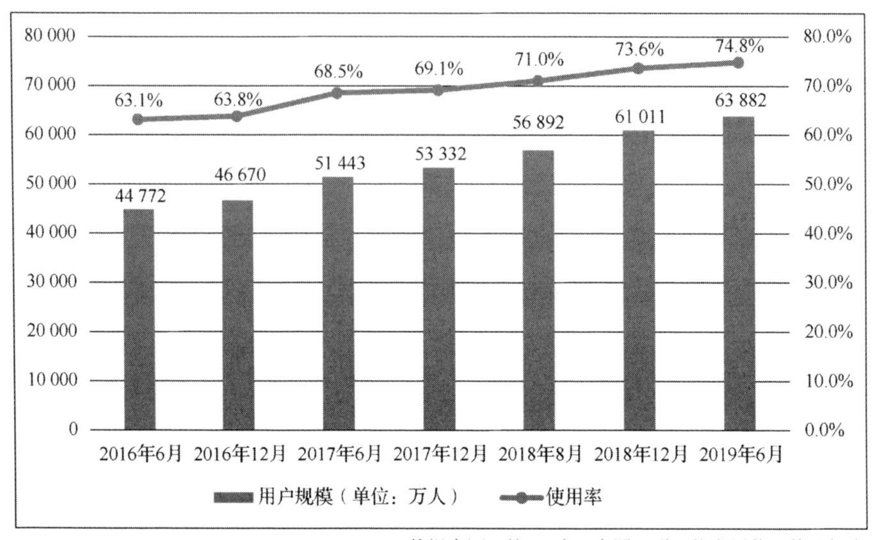

数据来源：第 44 次《中国互联网络发展状况统计报告》

图 3-1　2016 年 6 月—2019 年 6 月中国网络购物用户规模及使用率

2. 网上外卖

截至 2019 年 6 月，中国网上外卖用户规模达 4.21 亿人，较 2018 年年底增长 1 516 万人，占网民整体的 49.3%；手机网上外卖用户规模达 4.17 亿人，较 2018 年年底增长 2 037 万人，占手机网民的 49.3%。网上外卖业务作为生活服务体系的基础，正在与新零售等相关业务深度融合，串联起更多生活服务场景，推动生态体系协同发展。2016 年 6 月—2019 年 6 月中国网上外卖用户规模及使用率如图 3-2 所示。

3. 在线出行

截至 2019 年 6 月，中国在线旅行预订用户规模达 4.18 亿人，较 2018 年年底增长 814 万人，占网民整体的 48.9%。旅游度假产品在线预订聚焦用户细分需求，形成不同的产品组合，如适合儿童和老年人的家庭游产品以及满足用户个性化需求的定制服务等，并通过大数据技术整合线下需求进行智能营销，从而挖掘潜在用户市场。2016 年 6 月—2019 年 6 月中国在线旅行预订用户规模及使用率如图 3-3 所示。

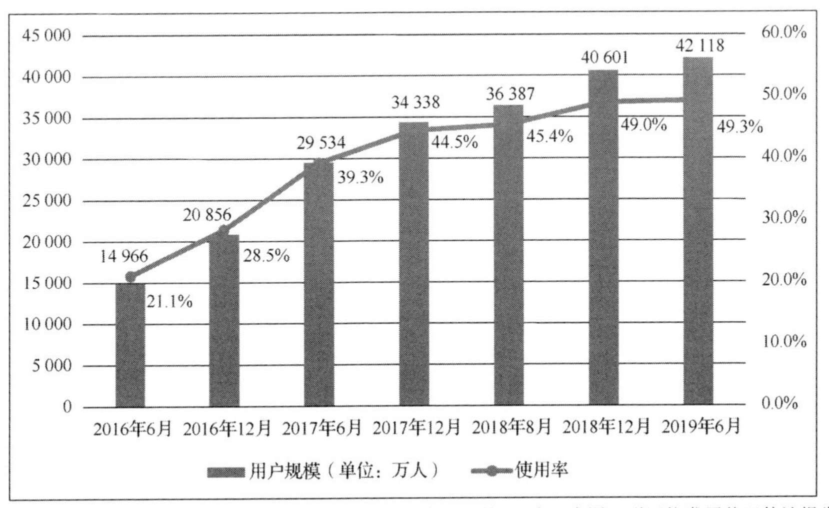

数据来源：第 44 次《中国互联网络发展状况统计报告》

图 3-2　2016 年 6 月—2019 年 6 月中国网上外卖用户规模及使用率

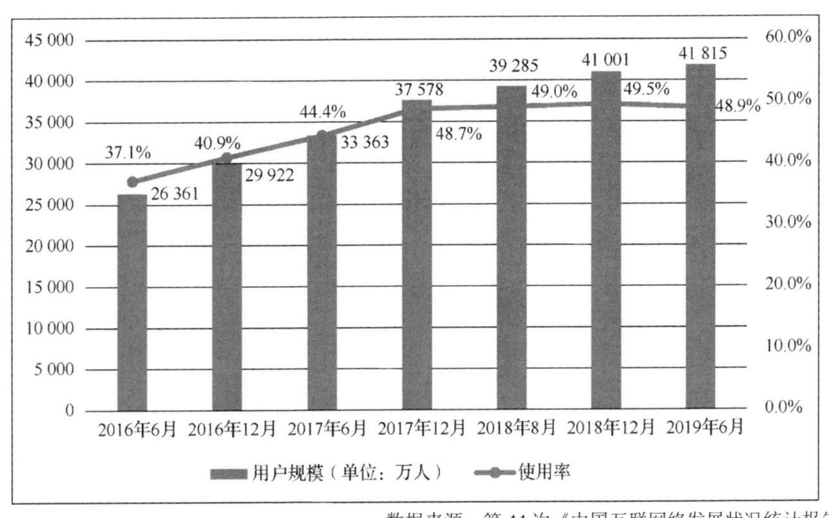

数据来源：第 44 次《中国互联网络发展状况统计报告》

图 3-3　2016 年 6 月—2019 年 6 月中国在线旅行预订用户规模及使用率

中国网约出租车用户规模达 3.37 亿人，较 2018 年年底增长 670 万人，占网民整体的 39.4%；中国网约专车或快车用户规模达 3.39 亿人，较 2018 年年底增长 633 万人，占网民整体的 39.7%。在政策监管方面，网约车行业合规化初见成效，《网络预约出租汽车经营许可证》《网络预约出租汽车驾驶员证》《网络预约出租汽车运输证》三证齐全成为当前中国网约出租车市场准入条件。截至 2019 年 2 月，全国有 247 个城市发布网约出租车规范发展的具体意见措施，110 多家网约出租车企业获得经营许可，发放网约车驾驶证 68 万本，车辆运输证 45 万本。网约出租车行业合规化的稳步推进，促使行业经营日益规范化，竞争环境更加公平有序。2016 年 6 月—2019 年 6 月中国网约出租车用户规模及使用率如图 3-4 所示。

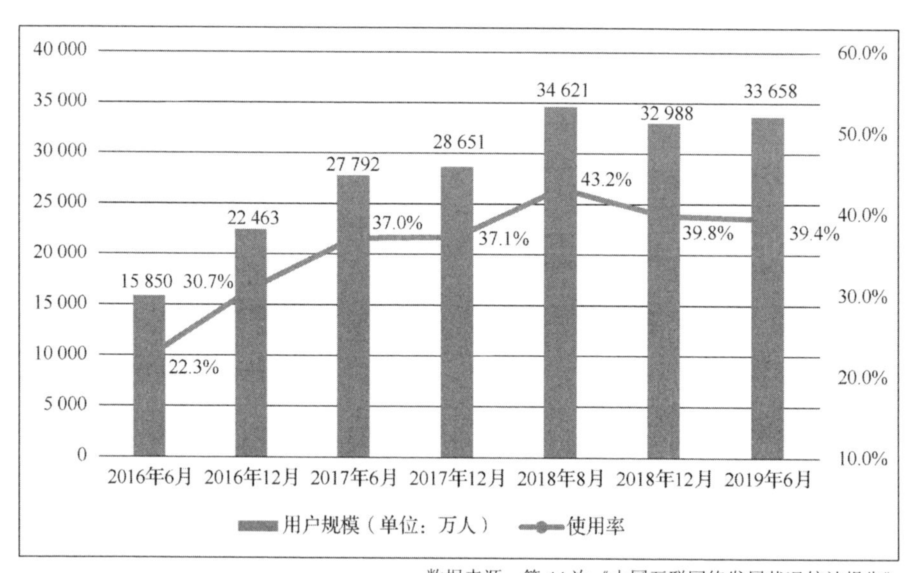

数据来源：第 44 次《中国互联网络发展状况统计报告》

图 3-4　2016 年 6 月—2019 年 6 月中国网约出租车用户规模及使用率

4. 金融科技

截至2019年6月，中国互联网理财用户规模达1.70亿人，较2018年年底增长1 835万人，占网民整体的19.9%。网络支付用户规模达6.33亿人，较2018年年底增长3 265万人，占网民整体的74.1%。

近年来，随着监管合规持续发力，互联网金融行业乱象得到进一步规范，《关于促进互联网金融健康发展的指导意见》《互联网金融风险专项整治工作实施方案》等政策得到有效落实，《网络借贷资金存管业务指引》和《网络借贷信息中介机构业务活动信息披露指引》先后发布，互联网金融备案工作逐步展开。2019年上半年，互联网金融行业整体规范化水平不断提升，呈现向好向上态势。一方面，金融投资决策更加智能，金融机构利用大数据、云计算技术系统分析借款人的各种精细解析数据，为投资者创建专属的投资组合。另一方面，普惠金融服务覆盖更广，运用金融科技手段对小微企业进行授信评估，帮助小微企业享受到普惠金融服务。例如，中国人民银行宁波市中心支行建成了普惠金融信用信息服务平台，成为64家银行、小额贷款公司、保险公司重要的授信审批和风险管理工具，目前日均查询逾7 000笔。网商银行利用大数据等技术，解决了无抵押、无信用记录、无财务报表的电商平台小微商家的融资难题，已经服务了约1 100万户的小微商家。2016年6月—2019年6月中国互联网理财用户规模及使用率如图3-5所示。

5. 在线教育

截至2019年6月，中国在线教育用户规模达2.32亿人，较2018年年底增长3 122万人，占网民整体的27.2%；手机在线教育用户规模达1.99亿人，较2018年年底增长530万人，占手机网民的23.6%。2016年6月—2019年6月中国在线教育用户规模及使用率如图3-6所示。

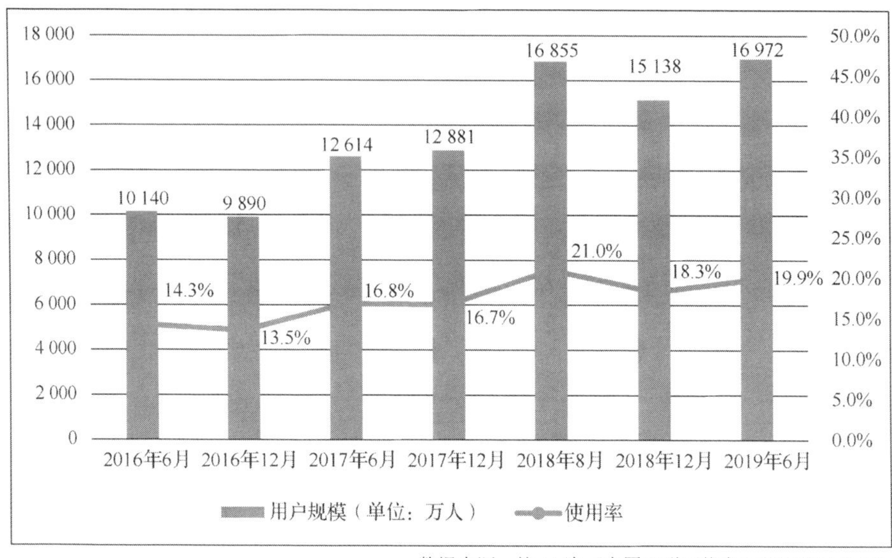

数据来源：第 44 次《中国互联网络发展状况统计报告》

图 3-5　2016 年 6 月—2019 年 6 月中国互联网理财用户规模及使用率

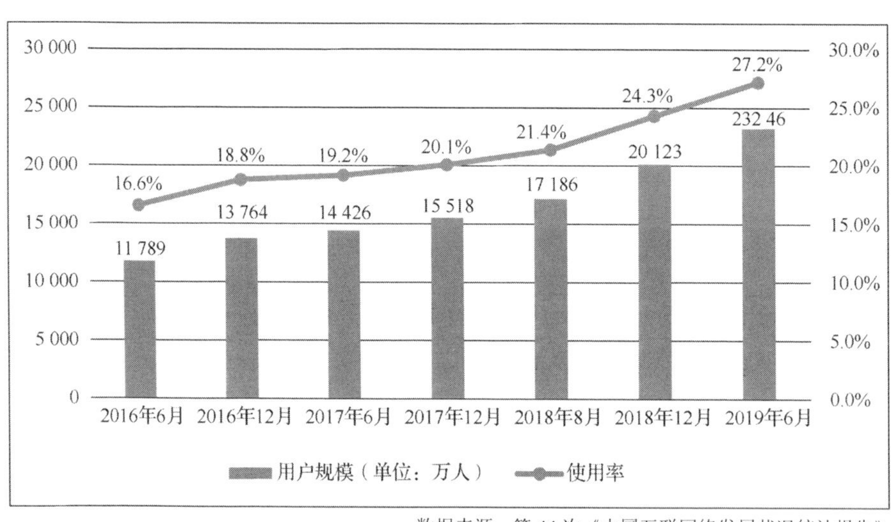

数据来源：第 44 次《中国互联网络发展状况统计报告》

图 3-6　2016 年 6 月—2019 年 6 月中国在线教育用户规模及使用率

6. 共享经济

2018年中国共享经济交易规模达29 420亿元，比2017年增长41.6%。从市场结构来看，生活服务、生产能力、交通出行等领域共享经济交易规模占比较高；从发展速度来看，生产能力、知识技能等领域增长最快，分别较2017年增长97.5%和70.3%。以网约车、共享住宿、共享医疗等为代表的新业态新模式成为推动服务业结构优化和消费方式转型的新动能。总体来看，虽然共享单车市场短时期内出现剧烈变化，引发社会各界争议和质疑，但是共享经济向各领域加速渗透融合的大趋势仍未改变。2018年中国共享经济发展情况见表3-3。

表3-3 2018年中国共享经济发展情况

领域	规模/亿元	增长率
交通出行	2 478	23.3%
共享住宿	165	37.5%
知识技能	2353	70.3%
生活服务	15 894	23%
共享医疗	88	57.1%
共享办公	206	87.3%
生产能力	8 236	97.5%
总计	29 420	41.6%

（数据来源：国家信息中心）

3.4.3 农业数字化转型逐步推进

1. 网络泛在接入助力乡村振兴

近年来，中国大力推动农村互联网建设，发布了《关于实施乡村振兴战略的意见》《乡村振兴战略规划（2018—2022年）》等政策文件。

2019年5月，中共中央办公厅、国务院办公厅印发了《数字乡村发展战略纲要》，强调数字乡村是乡村振兴的战略方向，也是建设“数字中国”的重要内容。目前，中国已初步建成融合、泛在、安全、绿色的宽带网络环境，基本实现“城市光纤到楼入户，农村宽带进乡入村”。截至2019年6月，中国光纤接入（FTTH/O）用户规模已达3.96亿户，行政村通光纤和通4G的比例均超过98%[1]。农村网民规模达2.25亿人，占整体网民的26.3%，较2018年年底增长305万人，半年增长率为1.4%。

2. 农村数字经济发展稳中向好

智慧农业运用物联网技术对农业生产进行控制，从而实现农产品生产的数字化、网络化和智能化。例如，内蒙古自治区巴林右旗智能灌溉系统能够根据气温、光照、湿度及蒸腾量等数据精准决定浇水时间、浇水量，每年的节水量相当于1.5个杭州西湖的水量，扭转了抽水灌溉造成地下水位下降问题，开辟了旱区农业可持续发展新模式。2018年，中国农业数字经济比重为7.3%，较2017年提升0.72个百分点，农业生产数字化水平逐年提高，发展潜力较大。数字经济比重由高到低依次为林业、渔业、农业、畜牧业，占比最高的林产品行业数字经济比重约13%，占比最低的畜牧产品数字经济比重不足5%，远低于服务业和工业平均水平。据预测，到2020年，中国智慧农业的潜在市场规模有望由2015年的1 000亿元增长至2 000亿元，市场前景十分广阔。

3. 农产品质量安全追溯向数字化演进

国家农产品质量安全追溯平台已正式上线，实现了对追溯、监管、

[1] 数据来源：工业和信息化部。

监测、执法等各类信息的集中管理，为公众快捷、实时查询农产品追溯信息提供了统一查询入口。通过开放与兼容，做到追溯管理到“田头”到“餐桌”，实现了农产品全程可追溯，有效助力农产品质量安全监管效率提升。各省市积极利用物联网技术和设备，采集农产品追溯链条的物流、信息流、人流等信息。在此基础上，借助大数据挖掘和分析技术，实现对整个农产品产业链条的高效监管。

4. 农村信息服务日益普及

移动互联网成为推进信息进村入户的关键切入点。互联网企业、行业协会、专业机构等加大对涉农微信、微博、专业 App 等移动应用的平台和内容投入，为农民提供政策、市场、科技、保险等生产生活各方面的便捷信息服务，确保农业政策法规、新品种技术、动植物疫病、农产品市场价格、农产品质量安全等信息能及时传达至农民，以此培养农民应用互联网的习惯，提高互联网在农村的渗透度。

5. 信息化助力精准扶贫

中央网信办会同国家发展和改革委员会、国务院扶贫办、工业和信息化部制定并印发了《2019 年网络扶贫工作要点》，围绕解决“两不愁三保障”突出问题，进一步聚焦深度贫困地区、特殊贫困群体、建档立卡贫困户，充分挖掘互联网和信息化在精准脱贫中的潜力。农村电商通过网络平台，拓展农村信息服务业务、服务领域，使之成为遍布县、镇、村的三农信息服务站。据统计，2018 年，农村电商超过 980 万家，全国农产品网络零售交易额达 2 305 亿元，同比增加 33.8%。

3.5 数字产业化发展稳中有进

当前，5G、物联网、云计算、大数据、人工智能、区块链等新一代信息通信技术加速创新突破，进入与经济社会各领域全面渗透的黄金期，从人人互联到万物互联、从海量数据到人工智能、从消费升级到生产转型，推动数字经济发展不断迈向新高度。

3.5.1 电信业基础支撑作用增强

2018 年，中国着力提升信息基础设施能力，行业发展稳中有进，对国民经济和社会发展的支撑作用不断增强。电信业务总量高速增长，2018 年，电信业务总量达到 65 556 亿元（按照 2015 年不变单价计算），比 2017 年增长 137.9%。2018 年，电信业务收入累计完成 13 010 亿元，比 2017 年增长 3.0%；2019 年上半年，电信业务收入累计完成 6 721 亿元，与同期规模相当。移动数据流量消费继续高速增长，2018 年，移动互联网接入流量消费达 711 亿 GB，比 2017 年增长 189.1%，增速较 2017 年提高 26.9 个百分点。2018 年移动互联网接入月户均流量（DOU）达 4.42GB/月/户，是 2017 年的 2.6 倍。2010—2018 年中国电信业务总量与电信业务收入增长情况如图 3-7 所示。

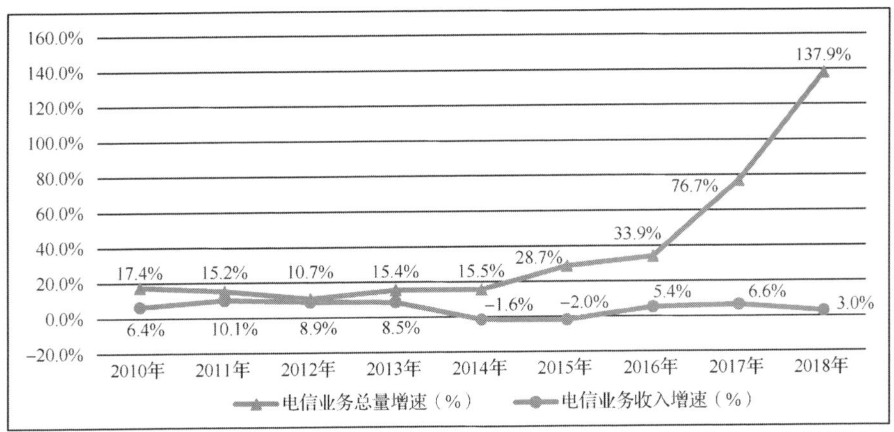

数据来源：工业和信息化部

图 3-7　2010—2018 年中国电信业务总量与电信业务收入增长情况

3.5.2　互联网企业营业收入规模扩大

中国互联网企业保持良好的发展势头。2018 年，规模以上互联网和相关服务企业（简称互联网企业）完成业务收入 9 562 亿元，比 2017 年增长 20.3%。主要省份保持良好增长态势，互联网业务收入总量居前三位的广东、上海、北京互联网业务收入分别增长 26.5%、20%和 25.2%。2019 年上半年，中国规模以上互联网企业完成业务收入 5 409 亿元，同比增长 17.9%。在细分行业领域，网络音乐和视频、网络游戏、新闻信息、网络阅读等信息服务在 2019 年上半年的收入规模达 3 703 亿元，同比增长 23%，增速较第一季度提高了 5.8 个百分点，占互联网业务收入比重为 68.5%。中国上市互联网企业营业收入增长情况如图 3-8 所示，市值排名前十的名单见表 3-4。

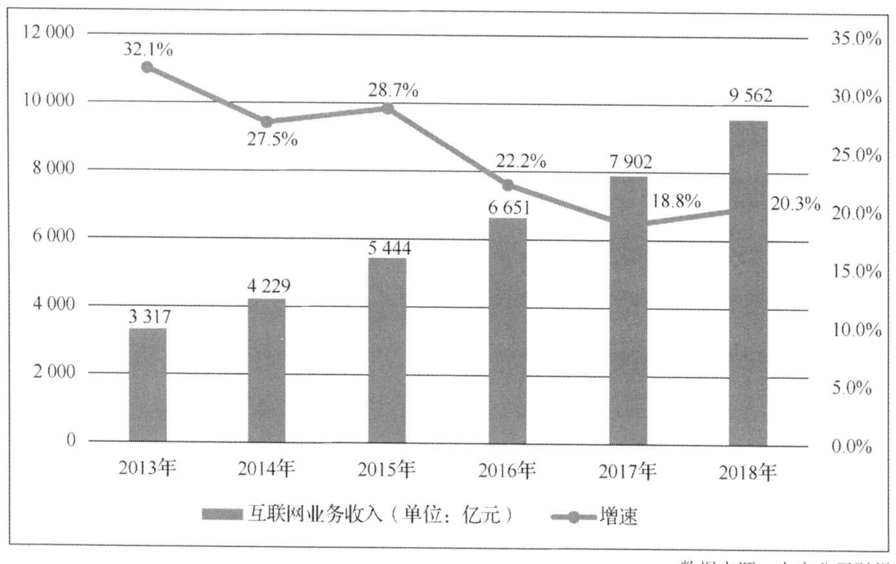

数据来源：上市公司财报

图 3-8　中国上市互联网企业营业收入增长情况

表 3-4　中国上市互联网企业市值排名前十的名单（截至 2019 年 8 月）

排　名	企业名称	市值/亿美元
1	阿里巴巴	4 499
2	腾讯	3 951
3	美团点评	551
4	京东	453
5	拼多多	391
6	百度	365
7	网易	325
8	小米	261
9	腾讯音乐娱乐	217
10	360	212

3.5.3　电子信息制造业拉动工业增长

中国电子信息制造业保持较高增速，在工业中的地位逐步提升。

2018 年，规模以上电子信息制造业的增加值同比增长 13.1%，高于全部规模以上工业增速 6.9 个百分点；2019 年上半年，规模以上电子信息制造业的增加值同比增长 9.6%。在出货量方面，2018 年规模以上电子信息制造业实现出口交货值同比增长 9.8%；2019 年上半年，规模以上电子信息制造业出口交货值同比增长 3.8%。在营业收入和利润方面，2018 年电子信息制造业营业收入同比增长 9.1%，2019 年上半年同比增长 6.2%。2018 年 6 月以来中国电子信息制造业营业收入、利润总额增速变化情况如图 3-9 所示。

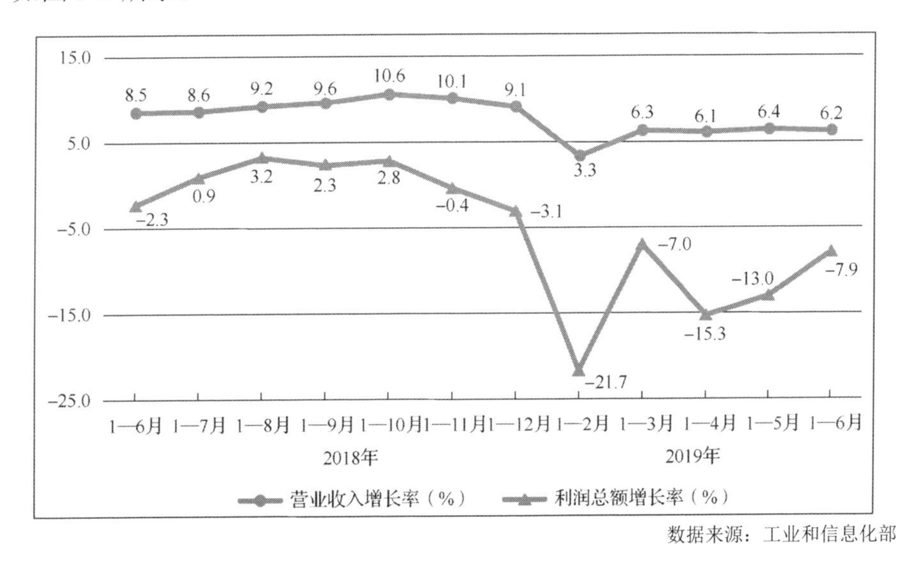

数据来源：工业和信息化部

图 3-9　2018 年 6 月以来中国电子信息制造业营业收入、利润总额增速变化情况

3.5.4　软件和信息技术服务业收入增长较快

软件和信息技术服务业结构持续调整优化，新的增长点不断涌现。从总体上看，2019 年上半年，全国软件和信息技术服务业累计完成软件

业务收入 32 836 亿元，同比增长 15%，增速同比提高 0.6 个百分点；实现利润总额 4 088 亿元，同比增长 9.9%。从细分领域看，软件产品收入增长加快，工业软件保持较快增长，2019 年上半年，全行业实现软件产品收入 9 183 亿元，同比增长 14.1%，增速同比提高 0.5 个百分点，占全行业收入比重的 28%。其中，工业软件产品实现收入 844 亿元，同比增长 19.8%，高于全行业平均增速 4.8 个百分点。

信息技术服务收入较快增长，电子商务平台技术服务、大数据服务等增势突出。2019 年上半年，信息技术服务实现收入 19 386 亿元，同比增长 17.2%，增速同比提高 0.1 个百分点，在全行业收入中的占比为 59%。其中，云服务和大数据服务收入分别增长 14.6%和 20.5%，在信息技术服务收入中总占比为 9%；电子商务平台技术服务收入增长 22.6%，同比提高 7.6 个百分点；信息安全产品和服务收入持续两位数增长。2019 年上半年，信息安全产品和服务共实现收入 500.9 亿元，同比增长 10.8%。

3.6 深刻影响就业

数字经济成为优化就业结构、实现稳就业目标的重要渠道。网络购物、共享经济、直播等数字经济新模式新业态创造了灵活就业新模式，保障城镇劳动力就业，为农业富余劳动力转移就业创造空间，但也在一定程度上加剧了结构性失业的风险。

3.6.1 数字经济创造灵活就业新模式

随着数字经济的蓬勃发展，中国新型灵活就业规模快速壮大，在就业中的占比快速增加，日益成为中国总体就业的重要组成部分；实现了从边缘补充到重要组成的转变，从少数领域到多样化领域就业的转变，从低层次就业到高层次就业的转变，从被动选择到主动参与的转变。以共享经济为例，2018 年中国共享经济服务提供者人数约 7 500 万人，其中大多数都是兼职人员，滴滴平台的网约车驾驶人中有 6.7%是建档立卡的贫困人员，美团外卖为 67 万来自贫困县的骑手提供了就业收入[1]。

初步测算表明，2018 年中国数字经济领域就业岗位达到 1.91 亿个，占全年总就业人数的 24.6%。2019 年 4 月，人力资源社会保障部办公厅、市场监管总局办公厅、统计局办公室联合发布了《关于发布人工智能工程技术人员等职业信息的通知》，确定了 13 个新型职业信息。其中，人工智能工程技术人员、物联网工程技术人员、大数据工程技术人员、数字化管理师等均与数字经济紧密相关。在数字经济的推动下，就业方式更加多样，就业门槛进一步降低，就业更加便捷，为“稳就业”做出了积极贡献。中国数字经济领域就业情况如图 3-10 所示。

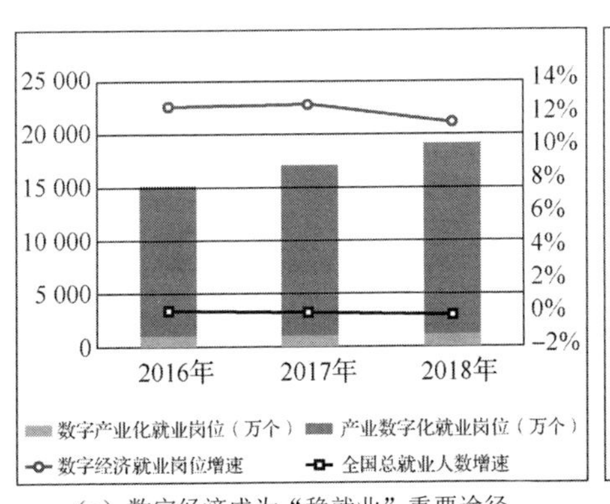

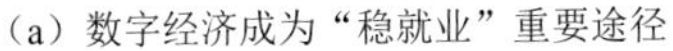
（a）数字经济成为“稳就业”重要途径

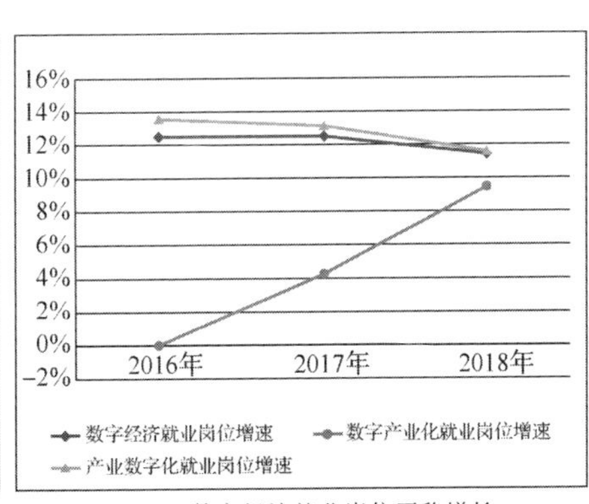

（b）数字经济就业岗位平稳增长

数据来源：中国信息通信研究院

图 3-10　中国数字经济领域就业情况

[1] 数据来源：国家信息中心分享经济研究中心。

3.6.2 结构性失业风险仍需警惕

随着数字经济的快速发展，数字技术被广泛应用于经济社会各个领域，企业生产效率、组织分工、产业结构发生较大变化，加剧了结构性失业的风险。工业机器人加快走上生产线新岗位，服务机器人成为百姓生活中的新消费和新热点。中国工业机器人保有量超过 40 万台，约占全球的 1/4，美的、吉利、富士康等企业加紧建设机器人全自动生产线。无人机、无人车、人形机器人不断进入物流、餐饮、医疗等服务领域。例如，海底捞 24 小时营业的无人火锅店，利用机器人实现洗菜、配菜、上菜全流程自动化。2018 年“双 11”（11 月 11 日）当天，淘宝智能客服“阿里小蜜”承接了 98%的在线服务请求，相当于传统客服 10 万人的工作量。中国制造业仍处在全球价值链的中低端，主要从事生产组装等常规工作，就业者技能可替代性较强，一旦被机器大规模替代，将带来巨大的就业压力。此外，新模式新业态持续涌现，新老业态交替，既创造了新的就业机会，也对个别传统领域造成了较为严重的挤压和冲击，相关产业人群将面临失业风险。

中国数字经济发展潜力大、带动效应强，下一步，还需要继续总结发展经验和规律，发挥大国大市场的优势，保持战略定力，增强发展动力，充分发掘数据资源要素潜力；不断培育数字经济新兴业态，加速经济社会领域的数字化转型，用新动能推动高质量发展。

第4章　电子政务建设

4.1　概述

以信息化推进国家治理体系和治理能力现代化，事关党和国家事业的发展全局，事关人民群众的根本利益。电子政务是加快国家信息化建设、让亿万人民共享互联网发展成果的重要内容，是全面深化行政管理体制改革、提升政府履职能力的重要途径，在国家治理体系和治理能力现代化中起着基础性、战略性作用。

中国政府高度重视电子政务，着力把握电子政务的发展规律，统筹推进电子政务建设。一年来，电子政务加快发展，管理体制机制不断完善，“互联网+政务服务”取得重大进展，政务信息系统整合共享和公共信息资源开放步伐加快，新一代信息技术在重点领域的创新应用持续深化，基础支撑保障体系进一步夯实，在规范政府权力运行、优化公共服务供给、激发市场创新活力、增强人民群众获得感等方面发挥积极作用。

4.2 管理体制机制逐步健全

近年来，随着中国行政体制改革的全面深化，电子政务建设与管理的制度体系日趋健全；管理体制机制逐步理顺，各部门统筹协调、齐抓共管的局面基本形成。

4.2.1 统筹协调机制日趋完善

推进电子政务建设全国一盘棋，构建统一高效、便捷开放、互联互通的电子政务体系，是新时代中国电子政务高起点谋划、高标准建设、高质量发展的必然要求。中国政府加大统筹协调力度，着力解决电子政务发展中政出多门、条块分割、多重投资、缺乏协调等问题，推动电子政务健康发展。

1. 国家电子政务工作统筹协调机制建立健全

国家电子政务统筹协调机制明确中央有关部门在电子政务建设、管理、运行和标准化等方面的职能职责，协商解决电子政务建设中的重大事项、重要问题，提高国家电子政务决策部署的一致性和协调性。中央网信办每年组织召开国家电子政务统筹协调会议，部署年度工作任务。国家电子政务工作统筹协调机制成员单位各司其职，加强协调配合、资源整合和上下联动，提升电子政务建设管理成效。

2. 各地电子政务统筹协调力度加大

一方面，省级电子政务统筹协调机制逐步建立，各部门间协作水平显著提升。截至2019年5月，已有27个省级行政区明确了电子政务统筹协调部门。另一方面，网信部门加大推动电子政务发展的力度，截至2019年5月，已有28个省级网信部门配置电子政务相关职能。

4.2.2 政策标准体系加快建立

电子政务建设是一项覆盖范围广、建设周期长、技术要求高、业务需求复杂的系统工程，建立政策标准体系是推进这一系统工程建设的基础性、关键性举措。近年来，针对电子政务建设中政策供给不够、标准规范不一等突出问题，中国政府加快政策标准体系建设，为电子政务发展打下良好基础。

1. 构建电子政务政策体系

近年来，中国出台了《关于加快推进“互联网+政务服务”工作的指导意见》《关于印发政务信息资源共享管理暂行办法的通知》《关于印发政务信息系统整合共享实施方案的通知》《关于印发政府网站发展指引的通知》《关于深入推进审批服务便民化的指导意见》《国务院关于在线政务服务的若干规定》等一系列政策文件，组织开展全国政府网站普查、国家电子政务综合试点、政府网站集约化试点等相关工作，有力地推动了我国电子政务的发展进程。

2. 加快推进电子政务标准化建设

近年来，市场监管总局、国家标准委、国家电子文件管理部际联席会议办公室（国家密码管理局）联合发布了《电子证照》等6项国家标准，重点解决分散建设和管理的证照系统在整合应用时的困难、因证照信息和文件标准不统一而无法大范围共享互认等问题，为国家电子证照库和基础平台建设，实现跨层级、跨部门、跨区域的电子证照互认共享、推动证照类政务信息资源共享等提供标准支撑。工业和信息化部印发了《云计算综合标准化体系建设指南》，从基础、服务、资源、安全、应用 5 方面构建标准化体系框架，制定并发布电子政务云平台系列标准，以信息技术服务标准为抓手，为政务信息化建设过程管理提供有效借鉴。

4.2.3 管理机构职能不断优化

2018 年，中国政府实施新一轮机构改革，以推进党和国家机构职能优化协同高效为着力点，改革机构设置，优化职能配置，建设人民满意的服务型政府。以本轮改革为契机，电子政务管理机构设置不断健全，职能配置持续优化。

1. 明确电子政务管理机构

广东省创新加强电子政务管理机构，2018 年成立政务服务数据管理局，着力解决电子政务管理交叉、政出多门等问题，将原本分散在不同部门的电子政务、大数据、政务服务等职能进行集中，整合各部门信息中心的编制、人员和力量，有效地改变了电子政务领域分头建设、各自维护、分散管理的状况，切实提高了统筹协调和数据资源整合治理能力。此外，各地纷纷组建大数据局，助力电子政务建设，截至 2019 年 7 月，天津、安徽、河南、广西等 22 个省级行政区建立了大数据机构。

2. 协同开展电子政务重点工作

各部门积极参与电子政务工程项目的立项、管理、验收等工作，截至2019年5月，有26个省级行政区的地方发展和改革委、24个省级行政区的财政部门、11个省级行政区的政府办参与了项目管理；有16个省级行政区实现了对电子政务资金的统筹管理。

4.2.4　综合试点探索推进

为了推动地方探索符合本地实际的电子政务发展模式、形成一批可借鉴的电子政务发展成果，为统筹推进国家电子政务发展积累经验，2018年，中央网信办、国家发展和改革委员会同有关部门启动国家电子政务综合试点工作，选取8个基础条件较好的省级行政区进行试点，围绕建立统筹推进机制、提高基础设施集约化水平、促进政务信息资源共享、推动“互联网+政务服务”、推进电子文件在重点领域规范应用等五大方面进行重点探索。经过一年多的努力，试点地区大力推进国家电子政务综合试点工作，并取得积极进展。

北京市积极开展试点工作，建成了市、区两级政务信息资源共享交换平台，支撑41个部门共1 300多类的数据跨部门、跨层级共享；建设了北京市政务云，承载全市60多家委办局的800多个信息系统[1]。上海市加强网上政务大厅数据对接，联通整合全市39个市级部门、16个区的1 274个事项，实现政务服务事项统一受理，接入比例100%，累计服

[1] 时间截至2018年6月。

务总量 367 万件[1]。江苏省连通共享个人、法人等基础数据，以及投资项目审批、信用信息、多证合一等多个平台的主题数据，实现不同平台间的用户实名认证和数据交换共享功能。浙江省建立电子证照库，汇总身份证、营业执照、不动产登记证等 153 本常用证照数据，有力支撑全省 80%以上的数据共享需求。福建省加强计算资源、存储资源、运维服务支撑、安全保障等基础设施共建共用，同时积极协调社会力量参与基础设施建设。广东省不断理顺全省“数字政府”改革体制机制，改革各项工作有序推进，改革效应逐步显现。陕西省建成基础信息资源“一张图”系统，加强对人口、法人、地理空间、宏观经济等政务基础信息资源的融合关联和信息管理，为各级政府部门和各行业应用提供支持服务。宁夏加强政务大数据服务平台建设，依托政务数据共享交换系统和大数据分析系统，建立统一的大数据分析和民生服务门户，为政府管理决策和服务群众提供便捷智能的手段。

4.3 “互联网+政务服务”扎实推进

“互联网+政务服务”建设是深化“简政放权、放管结合、优化服务”改革的重要抓手，对加快推动政府职能转变、提高政府行政效能、增进人民群众福祉具有重要意义。近年来，我国积极推进“互联网+政务服务”，在一体化政务服务平台建设、服务模式创新、服务渠道拓展、服务主体多元等方面取得显著成效。

---

[1] 时间截至 2018 年年底。

4.3.1 全国一体化政务服务平台上线运行

全国一体化在线政务服务平台是实现政务服务事项全国标准统一、全流程网上办理，促进政务服务跨地区、跨部门、跨层级数据共享和业务协同的重要载体。2018 年，中国出台了《进一步深化“互联网+政务服务”推进政务服务“一网、一门、一次”改革实施方案》《关于加快推进全国一体化在线政务服务平台建设的指导意见》等政策文件，积极推动全国一体化在线政务服务平台建设。

2018 年 1 月，全国一体化在线政务服务平台建设工作正式启动，涵盖政务服务大数据库、服务和工作门户、公共支撑系统、重点应用，管理规范体系等五个方面的建设工作。2019 年 5 月，全国一体化在线政务服务平台即“中国政务服务平台”（见图 4-1）上线试运行，重点发挥公共入口、公共通道、公共支撑三大作用，为全国各地区各部门政务服务平台提供统一身份认证、统一证照服务、统一事项服务、统一投诉建议、统一好差评、统一用户服务和统一搜索服务“七个统一”服务，实现支撑一网通办、汇聚数据信息、实现交换共享、强化动态监管等四大功能，解决跨地区、跨部门、跨层级政务服务中信息难以共享、业务难以协同、基础支撑不足等突出问题。截至 2019 年 7 月，“中国政务服务平台”已对接 46 个国务院部门的 1 142 政务服务事项和 308 个便民服务应用，整合提供了 31 个省级行政区和新疆建设兵团的 193 万余项政务服务事项、532 个便民服务应用[1]，有力推动了各地区各部门政务服务平台的规范化、

[1] 数据来源：国家政务服务平台，http://www.gjzwfw.gov.cn/。

标准化、集约化建设和互联互通，为加快形成全国政务服务“一张网”提供了有效的平台支撑。

图 4-1 中国政务服务平台

4.3.2 网上政务服务模式不断创新

为解决企业和群众反映强烈的办事难、办事慢、办事繁等问题，各地各部门在“互联网+政务服务”领域积极探索，突出问题导向、需求导向，改革创新政务服务模式，涌现出一大批先进典型。浙江的“最多跑一次”、江苏的“不见面审批”、贵州的“五全服务”、深圳的“秒批”等都在全国引起巨大反响。

浙江率先尝试“最多跑一次”，依托浙江政务服务网（见图 4-2）打破各部门信息系统的数据壁垒，加强数据共享，避免让群众和企业在办事过程中多次跑、多部门跑。截至 2019 年 5 月，已梳理公布省市县三级“最多跑一次”办事事项主项 1 411 项、子项 3 443 项，并持续探索所有民生事项和企业事项开通网上办理，预计到 2019 年年底实现 60%以上的政务服务事项“掌上办理”、70%以上的民生事项 “一证通办”[1]。同时，依托各级行政服务中心、政务服务网及“12345”统一政务咨询投诉举报平台，完善办事咨询服务体系，更新配套知识库，多渠道加强宣传，为群众提供方便快捷的咨询解答服务，显著提升了办事咨询的便利度、可及性和准确性，大幅减少了“跑多次”现象。

贵州以规范化、集约化为抓手，提出以全覆盖、全联通、全方位、全天候、全过程“五全服务”为引领，打造全省统一的网上服务平台，实现“进一张网、办全省事”。2019 年上半年，省、市、县、乡、村五级 14 000 多个部门、40 余万项服务事项在平台上集中公开和办理，所有数据全部迁移到“云上贵州”系统平台，实现了全省政务服务一个网站办理，市县和省直部门不再建设审批系统，探索了高度融合、高度集约的政务服务建设模式，极大地促进了政府职能转变、政务数据整合、行政效能提升[2]，如图 4-3 所示。

---

[1] 新华网，多地公布数百上千项“最多跑一次”清单，群众办事还反复跑吗？ http://www.xinhuanet.com/politics/2019-05/15/c_1124497454.htm。

[2] 数据来源：贵州政务服务网，http://www.gzegn.gov.cn/。

浙江政务服务网
个人办事
法人办事
咨询投诉
阳光政务
政策新闻
数据开放
部门窗口
浙里办，浙江省
个人办事
法人办事
缴款
工作
车辆
房屋
旅游
证件
医疗
婚姻
办事套餐
企业开办全程网上办…
商事登记证照联办
企业注销"一网服务"…
工商全程电子化登记…
办事服务点
办事网点（39332）
综合服务
长三角一网通办
省政府民生实事
公共信用服务
权力清单
最多跑一次
公共服务事项
双随机抽查
行政处罚结果

图 4-2　浙江政务服务网

图4-3　贵州政务服务平台

深圳开展“秒批”改革，以数据共享、事项标准化和审批规则统一为基础，探索实现网上审批的自动化，即申请人网上提交申请信息，系统按照既定规则，通过数据共享实时比对核验，自动做出审批决定，并将审批结果及时主动告知申请人。“秒批”改革在推进政府职能转变、优化营商环境、提高行政效率、降低办事成本、避免权力寻租、提升治理水平等方面取得了显著成效。截至2019年6月，深圳已实现“秒批”事项52个，在人才引进、高龄津贴申请、网约车/出租车驾驶员证申办和社会投资项目备案等领域实现“秒批”，解决了群众办事的堵点、痛点问题，也杜绝了人为因素的干扰。以高校应届毕业生引进落户为例，“秒批”改革后，毕业生只需在网上提交信息，系统自动审批，即时出具结果，毕业生直接到户籍窗口即可办理落户。2018 年 6 月至 2019 年 3 月，有超过 6.4 万名非深户高校应届生通过“秒批”取得深圳市户籍。

4.3.3 在线政务服务渠道更加丰富

积极推进覆盖范围广、应用频率高的政务服务事项向移动端延伸，推动实现更多政务服务事项“掌上办”“指尖办”，是政务服务利民、便民、惠民的重要内容。随着移动互联网的快速发展，政府主导建设的政务 App 和依托微信的政务服务小程序等新技术应用，日益成为社会公众和企业获取政务信息、办理服务事项的新渠道。截至 2019 年 7 月 1 日，全国 31 个省（自治区、直辖市）和新疆生产建设兵团已建设 31 个省级政务服务移动端。广东的“粤省事”、浙江的“浙里办”、上海的“随申办”、重庆的“渝快办”、安徽的“皖事通”、北京的“北京通”、福建的“闽政通”、山西的“三晋通”等移动应用不断涌现，移动政务服务发展进入加速期。

广东省依托微信积极打造“粤省事”平台，统一构建电子政务对外服务渠道，如图 4-4 所示。“粤省事”平台基于“受办分离、信息互通”，着力打造网上“整体政府”。平台后端通过公安部的刷脸实名可信身份认证，对接政府部门 100 多个业务系统，可一站式查询办理 541 项高频服务，有效改变了部门应用彼此分割、相对孤立运转的状况，打破了各部门独自开发 App 运维政务服务移动端应用的低效模式，实现了对跨部门、跨层级的政务服务事项的一口受理。在平台前端，公众通过微信直接进入“粤省事”办事界面，有效解决了政务服务移动端 App 找到难、推广难、使用率低的问题。“粤省事”平台的公安专区上线两个月就提供服务 859 万次，比原有的 App 方式增长 28 倍[1]。

图 4-4　“粤省事”平台

浙江省大力推动移动互联网政务服务，打造全省统一的移动政务服务客户端“浙里办 App”，实现以“手指头”代替“脚趾头”，如图 4-5 所示。全省医院诊疗挂号、交通违法办理、房屋权属证明办理，乃至地铁购票、找车位、找公厕等应用，都可通过“浙里办 App”便捷办理。

---

[1] 数据来源：数字广东“粤省事”移动政务服务平台，https://www.digitalgd.com.cn/product/439/。

2019 年上半年，全省行政服务中心均已在“浙里办 App”开通手机办事功能，接入办事事项 15 853 项。浙江省还率先推进政府非税收入收缴电子化改革，建设浙江政务服务网统一公共支付平台，推出交通违章罚款、执业考试报名费、社保费缴纳等上百个缴费项目，自平台开通以来累计服务 8 788 万人次，收缴资金 1 141.74 亿元[1]。

图 4-5 浙里办 App

4.3.4 电子政务建设主体日益多元

支持引导社会力量积极参与电子政务建设，对于提高电子政务建设水平、增强政府公共服务能力具有重要意义。近年来，电子政务领域的

[1] 数据来源：浙江政务服务网，http://www.zjzwfw.gov.cn/。

政企合作日益广泛，软/硬件厂商、运营商等传统信息技术企业以及互联网企业积极参与，日益成为重要的电子政务服务供给成员，给电子政务建设注入新理念，推动电子政务发展进入新阶段。目前，企业参与主要集中在以下两方面。

（1）在项目建设方面，除传统信息技术企业外，近年来阿里巴巴、腾讯等互联网公司也积极参与电子政务建设，如“数字广东”、北京大数据行动计划、“云上贵州”平台、“金关工程二期”大数据云项目、海南“城市大脑”、长沙“城市超级大脑”等。各类企业的积极参与为电子政务建设提供了有力的技术支撑和能力保障。

（2）在服务渠道方面，政府与平台企业深化合作，充分利用支付宝、微信等平台向公众提供政务服务，例如，在平台设置“城市服务”模块，开通政府服务生活号、小程序等，帮助用户办理社保查询、纳税申报、违章处理等服务。这种通过第三方渠道提供服务的模式已得到越来越多公众的认可。根据 CNNIC 发布的第 44 次《中国互联网络发展状况统计报告》，截至 2019 年 6 月，中国 31 个省（自治区、直辖市）已全部开通微信城市服务，累计用户数达 6.2 亿户。2017 年 12 月—2019 年 6 月微信城市服务累计用户数量如图 4-6 所示。

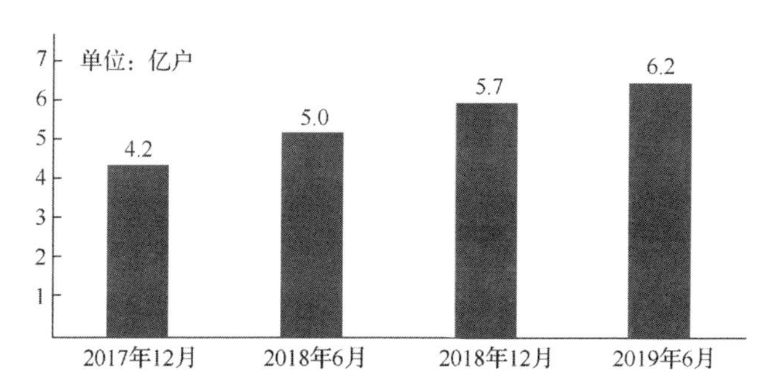

来源：腾讯

图 4-6　2017 年 12 月—2019 年 6 月微信城市服务累计用户数量

4.4 政务信息系统整合共享和公共信息资源开放加快推进

为推动解决长期以来困扰政务信息化建设的“各自为政、条块分割、烟囱林立、信息孤岛”等问题，自 2017 年以来，中国深入开展政务信息系统整合共享和公共信息资源开放工作，取得了明显成效。

4.4.1 政务信息系统整合共享稳步推进

2017 年，《国务院办公厅关于印发政务信息系统整合共享实施方案的通知》出台，正式吹响了政务系统整合共享工作的号角。国家发展和改革委员会等相关部门又陆续出台了《关于印发加快推进落实〈政务信息系统整合共享实施方案〉工作方案的通知》《关于开展政务信息系统整合共享应用试点的通知》《关于进一步加快推进政务信息系统整合共享工作的通知》等文件，组织召开了 4 次政务信息系统整合共享推进落实工作领导小组会议，二十余次政务信息系统整合共享组织推进组工作会议，持续深入推进工作开展。

清理规范一批政务信息系统。截至 2019 年 6 月，系统梳理了国务院部门 5 000 多个信息系统的基本情况，消除了 2 900 多个信息孤岛，打通了 42 个国务院部门垂直管理的信息系统，为政务信息系统整合共享奠定了坚实基础。国务院办公厅牵头开展了对国务院部门“僵尸系统”清理情况的专项督查。2018 年，中央网信办、国家发展和改革委员会对国务院 61 个部门和单位开展政务信息系统整合共享工作的情况进行了评估，就整合共享工作推进、信息系统整合、信息资源共享、业务协同、政务服务平台体系等内容进行了深入研究，全面评估了部门政务信息系统整合共享工作成效，总结了存在的问题和不足，为进一步深化整合共享提供参考。

逐步建立完善国家政务数据共享交换体系。通过构筑信息共享“大通道”，构建政务数据资源“总目录”，搭建共享交换“总枢纽”，积极推进政务信息系统整合共享。国家政务数据共享交换体系以“六个一促三通”为主要内容，具体包括建设“一网络贯通、一朵云承载、一平台共享、一门户开放、一目录导引、一证书通行”的综合性网络平台，推进“网络通、数据通、业务通”。目前，初步建成了我国网络覆盖面最广、连接政务部门最多、承载业务类型最全面、汇聚政务信息资源最丰富的全国性政务公用网络，实现了人口、法人、空间地理等基础数据以及重点领域数据的共享接入，为全国性政务信息系统整合共享、“互联网+政务服务”体系建设、政务大数据安全可控汇聚和开发利用提供了良好的平台设施环境。

此外，各地也在推进政务信息资源共享整合、打破信息孤岛方面积极开展探索，比如，“数字福建”政务数据整合与共享应用工程汇聚 100 多个省市单位、3 200 多项数据、21 亿条记录，宁夏政务大数据服务平台实现省、市、县三级贯通，接入 818 个共享目录、1.3 亿条共享数据，政务数据资源共享体系已基本建立。

4.4.2　公共信息资源开放步伐加快

公共信息资源开放是推动信息惠民、促进信息资源规模化创新应用、发展壮大数字经济的重要举措。2017 年，中央网信办、国家发展和改革委员会、工业和信息化部联合印发了《公共信息资源开放试点工作方案》，选取北京、上海等 5 个试点地区，聚焦当前开放工作中平台缺乏统一、数据缺乏应用、管理缺乏规范、安全缺乏保障等主要难点，在建立统一开放平台、明确开放范围、提高数据质量、促进数据利用、建立完善制度规范和加强安全保障 6 方面开展试点。

自试点工作启动以来，政务数据资源开放步伐显著加快。截至 2019 年 6 月，已有 82 个省级、副省级和地级政府上线了数据开放平台，同比新增 36 个地方平台。41.93%的省级行政区、66.67%的副省级城市和 18.55%的地级城市推出了数据开放平台，政府数据开放平台逐渐成为一个地方数字政府建设的“标配”。全国开放数据集总量从 2017 年 8 398 个迅速增长到 2019 年的 62 801 个，增幅近 7 倍。开放数据集的容量与 2018 年 6 月相比，呈现出爆发式增长，增幅近 20 倍。约三成的平台上开放的数据集总量已超过了 1 000 个[1]。

各地各部门积极探索实践公共信息资源开放。例如，上海市积极开展试点工作，形成开放目录清单 2 000 余项，明确了数据开放内容、开放形式、更新频率、开放属性等，并通过上海市数据服务网统一向社会发布。数据开放范围不断扩大，涵盖经济建设、资源环境、教育科技等 12 个重点领域，提供包括学校教育与终身教育、政府办事、残疾人等 11 个应用场景[2]。国家林业局积极探索林业政府数据开放新实践，通过中国林业数据开放共享平台开展数据共享、信息共享、资源共享，提供数据检索、数据统计、数据分析，实现数据深入挖掘、数据定制采集，形成

[1] 数据来源：复旦大学 DMG 实验室，《中国开放数林指数 2019》。

[2] 人民网，上海推进公共信息资源开放试点显成效，http://sh.people.com.cn/n2/2019/0219/c134768-32657680.html。

三大类别、九大栏目、十七类重点数据库，满足多信息采集、多种类服务、多渠道接入，公众可以从各个类型、各个专题、各种数据形式进行查询，打造了权威性林业专题数据平台。

社会公众和企业机构积极利用政府开放数据，创新拓展公众服务。例如，有的企业利用北京市政务数据资源网开放的数据，开发了“逛逛博物馆”手机 App，提供了北京多家博物馆的语音导览和室内定位服务。有的公司利用贵阳市政府数据开放平台开放的数据，开发了“停车”手机 App，实现停车信息资源共享，打造“停车超市”的停车管理新模式。

4.4.3 信息资源整合共享成效显著

为充分挖掘数据潜力、释放数据价值，各地各部门积极探索对公共信息资源的整合共享和开发利用机制，部分省市在扶贫攻坚、社会救助、企业征信、事中事后监管等重点领域取得突破。

针对扶贫统计信息分散、数据失真，以及数据挖掘与利用效率不高等问题，贵州、广东等地积极探索开发大数据支撑平台，打破扶贫相关部门间的“信息孤岛”，建立互联互通的扶贫信息系统，实现对扶贫攻坚的“精准管理”。贵州打通公安、工商、交通等 13 个部门系统，全省 700 多万户建档立卡贫困户的数据可一键式查询。广东依托统一的政务信息资源共享体系，汇集了 66.4 万户贫困户、173.1 万贫困人口的基础数据，并与行业部门网上服务和政务数据对接，横向接入民政、教育、人社等部门数据，纵向直通省市县乡村户，共享信息 3.3 亿条。

面对城乡低保数据不完整、数据核对耗时耗工、“人情保”和“关系保”难防等问题，广西、青海等地加强社会救助领域部门间协作，通过整合社保、民政、住建、公安等多部门数据，形成一体化数据库，坚决把群众反映强烈的“开小车、住豪宅、吃低保”的对象清理出去。以广西为例，整合民政、法院、公安、人社等15个部门信息，建立区市县三级联网核对的省域“低保核对大数据平台”，签订数据交换协议的部门之间可以双向、即时共享数据，数据交换请求发出两分钟内即可完成数据交换。青海的居民家庭经济状况核对平台已与公积金、户籍、个税等15个部门实现数据对接，救助对象认定的准确性得到极大提高。

针对银企信息不对称、信息共享机制堵塞、企业信用信息应用匮乏等难题，江苏、福建等地积极构建信用信息服务平台，构建“一体化”共享机制和数据多元应用体系，破解信用信息整合共享融资难题。江苏省苏州市搭建征信信息平台，有效地归集了政府有关涉企信息，实现了政府数据为企业“增信”，截至2018年年底，已按需汇集了政府部门、公共事业单位的6 600万条信用信息，为全市16万户中小企业建立了信用档案，89家金融机构介入地方征信平台，累计查询量达26.6万次。福建省福州市打造大数据征信平台，累计汇集55个省直部门和50个地市单位的2 800多类别、13.5亿条数据记录，该平台已接入小额贷款和融资性担保公司58家，采集机构信用代码信息86.3万户，为平台接入机构办理信用报告查询24.7万笔。

针对商事制度改革后事中事后监管相对“滞后”，信用信息区域化、分散化、碎片化等问题，浙江等地推动部门监管信息互联互通，充分发掘监管信息大数据价值，促进事中事后监管精细化、科学化。浙江省杭州市建立企业信用联动监管平台，截至2018年年底，已归集39个部门日常监管工作中各类失信信息6 113万条，并将归集的信息匹配至企业名下，以不同颜色显示相应的监管状态，列入“信用提示”的企业为9 375家，列入“信用警示”的企业为 1.4 万家，列入“经营异常名录”的企业为 6.08 万家，列入“信用限制”的企业为 3 366 家，拦截各类“老赖”人员 2 066 人次。

4.5　技术创新对电子政务的支撑作用更加凸显

大数据、人工智能、物联网、区块链等信息技术不断发展，在感知社会态势、畅通沟通渠道、辅助科学决策方面具有明显优势。各地区各部门积极推动新一代信息技术在重点政务领域的应用，不断加大电子政务服务和管理方式创新力度。

4.5.1　物联网技术助力政府数字化感知

物联网技术通过“万物互联”，可实现泛在的环境感知、态势监测，目前被广泛应用于政府监管、城市治理等领域。例如，内蒙古建设生态环境数据资源中心，采用物联网技术和传统模式相结合的方式，建设和集成了污染源自动监控、环境质量自动监测等 9 大类 110 项数据，涵盖 90%的环保业务数据，为环境保护工作的开展提供了极大便利。贵州通过建设大数据物联网可追溯云平台，记录修文县 495 家猕猴桃种植户的生产信息，包括果园的基础信息、施肥、用药、生长记录、采摘记录，并通过二维码实现全程可追溯管理，确保食品安全。目前，平台实现安全可预警、源头可追溯、流向可追踪、信息可查询、责任可认定、产品可召回，覆盖全县 236 个果园、5.127 万亩，占修文县猕猴桃种植面积的 31.9%[1]。此外，在交通领域，大量城市通过物联

[1] 贵州大数据发展管理局网站，我省两个农业大数据应用项目入选全国“大数据+扶贫”十大应用案例，

网设备和监控设备，实时获取路况信息，以便采取及时准确的交通管控措施。

4.5.2 大数据辅助政府科学决策

大数据技术通过对海量数据进行分析和挖掘，从中提取有价值的信息，为政府开展科学、高效、准确、快捷的决策、服务和监管创造了条件。一方面，政府工作过程可以实现全流程数据化记录，从而支持深度分析、过程回溯、事后监管、优化服务等工作。另一方面，通过信息技术手段快速采集海量数据，并呈现到政府管理者面前，为及时发现、处置问题提供信息支撑。

1. 大数据有效提升了政府决策科学化水平

例如，在城市运行管理方面，通过大数据技术可以直观地呈现城市运行状况，让城市管理者和决策者及时获取事件进展，发现城市运行中的潜在问题，从而为领导决策、政策制定提供科学依据。北京、广东、贵州等大量地方探索运用大数据资源、技术和平台，挖掘数据资源价值，转变政府运作模式，构建“数据说话、数据决策”的新型政府，力图让数据成为政府治理的“显微镜、透视镜、望远镜”。

2. 大数据极大优化了政府民生服务

运用大数据及时挖掘政务数据资源价值，使精准化、个性化的公共服务提供成为可能。广州、深圳等城市通过分析用户的个人属性数据、

---

http://dsj.guizhou.gov.cn/xwzx/gzdt/201905/t20190527_3436043.html。

以往服务数据等内容，判断用户的潜在需求，进行精准化、个性化推送，在政府网站上提供“千人千面”的个性化展现和定制化服务，更好地满足了民生服务需求。

3. 大数据推动“互联网+监管”模式不断创新升级

基于大数据分析和图像识别等技术的应用，已经为政务监管、公共安全等领域提供了有力的技术手段，可以使政务工作更加高效，让社会更加安全。例如，贵州省的“数据铁笼”，通过数据的平台化、关联度和聚合力共同作用，以应用为导向开展监督检查和技术反腐，成为提升政府治理能力、创新政府监管模式的重要载体。其中，贵阳市交管局作为“数据铁笼”试点之一，经过三年多实践，整合 22 个业务子系统，按照 3+*N* 模式建设，即“一个融合平台、一个移动端应用 App、一个个人诚信档案和 20 余个业务风险预警模型”。监管平台每天自动抓取相关数据，预测、预防和预警权力运行中的风险。系统信息具有实时录入的特点，让酒驾执法全程处于监管中，有效堵住了人情“漏洞”，同时平台通过“数据铁笼”系统，自动判断民警是否在工作，大大提升监督准确性的同时，还能大大减少监督的人力、物力成本。有效改变了“靠人管理、靠人监督、靠人执行”的传统行政模式，变“人为监督为数据监督”、变“被动监督为主动监督”。

4.5.3 人工智能提升公共服务智能化水平

人工智能技术正在转变政府现有的管理和服务模式。近年来，模式识别、语义分析等人工智能技术不断取得突破，人工智能服务平台和接口应用日益广泛，智能客服等模式在商业领域快速普及。在电子政务领域，人工智能被普遍运用于辅助信息收集与智能筛选、接受模糊任务并完成模式识别等方面，在提升政府工作效率、提高政务服务能力、提升政府决策水平、改善政民交互体验等方面发挥了重要作用。

1. 智能终端实现业务自助办理

随着人工智能技术和终端设备的不断发展与成熟，政务服务领域的"7×24"无人化自主办理已成为可能。2018 年 11 月，上海市徐汇区行政服务大厅的 24 小时自助服务厅正式亮相。自助服务厅提供机器人引导，可帮助公众实现业务自助查询、自助办理、自助打印、自助取件、自助物流等服务，成为"不打烊"的"无人政务服务超市"。四川省乐山市建设政务服务"7×24 无人值守站"，通过人工智能终端设备识别办事群众的操作意图，并通过语音反馈，对办事人员进行实名验证，收取并传递用户的办事材料，从而实现 365 天 24 小时值守审批。

2. 智能问答系统快速响应用户

近年来，智能问答技术被运用到电子政务工作当中。2017 年，北京市政府网站"首都之窗"上线"京京智能问答"（见图 4-7），问答范围涵盖门户网站所有时政动态、政策文件及解读、办事事项及办理指南等内容。目前，共拥有信息 11 万余条。"京京智能问答"能够理解用户的自然语言问题和意图，以友好亲切的问答方式快速、准确地直接给予答案，并根据用户的提问给出相关推荐，收集用户满意度，通过深度学习不断优化和完善知识库，大大提高了搜索准确率，减少了用户查找信息的时间。"京京智能问答"上线以来，总计使用人数超过 16 万人，用户累计提问 22 万余次，回答准确率 98%，有力推动了政务惠民。

图 4-7　北京市政府网站的京京智能问答

4.5.4　区块链技术协助构建诚信环境

区块链技术具有去中心化、公开透明等特点，能够帮助解决政务服务中的身份识别、信息完整性、可靠性、安全性等问题，在用户认证、安全保障等领域具有广泛应用前景。例如，通过区块链技术确认公众和企业的身份，可简化办事材料和证明流程；将区块链技术应用于税收、房产管理、市场监管、医疗健康等领域，能够保障资金、产权、信用、健康等信息的真实性、有效性和可追溯性。

针对部门之间害怕数据泄露而不去共享、害怕安全失控而不能共享、害怕失去掌控而不愿共享等难题，陕西创新利用区块链与智能合约的技术特性，探索责权清晰、安全可信的政务数据应用新模式，实现用数不拿走、留痕难抵赖，强化监管能力，构建共识标准，促进数据融合，挖掘数据价值。仅在咸阳市，通过区块链技术就使 29 万人口的贫困数据和 492 万人口的健康数据“走出深闺”，实现放心应用。全市定位贫困人口 12.3 万人，超额完成 0.7 万余人的脱贫任务，剔除条件不符人员 320 人，新识别 1 512 人；并瞄准医改难题，累计节约医保资金 6 720 万元，减少医疗费用支出 1.21 亿元。

南京在房产交易与不动产登记业务中应用区块链技术，实现一个数据库记录，信息安全高效维护。多部门间信息共享采用了以区块链技术为基础的电子证照平台，实现数据全生命周期的可追溯性，并且只能读取和写入，不能修改和删除，以及多方签名背书、多方查询验证的特有共识机制，在购房证明、房产交易和不动产登记等业务环节进行全面应用。在基于区块链的电子证照平台上，房产局和国土局执行基于业务需求共识的智能合约，共同维护每条不动产数据的登记、质押和交易记录，有效解决了不动产交易过程中的难点问题，保障交易各方数据及信息共享的安全高效[1]。

4.6 基础支撑保障体系进一步夯实

随着信息技术水平的不断提升，近几年电子政务领域的基础支撑保

[1] 中华人民共和国中央人民政府网站，【优化服务】南京首创房产交易与不动产登记全业务一体化办理，http://www.gov.cn/zhengce/2017-10/27/content_5234861.htm。

障能力显著增强，基础设施和应用集约化水平明显提高，网络安全保障能力不断增强，人才队伍不断壮大，为电子政务的健康发展、安全发展打下良好基础。

4.6.1 基础设施和应用集约化水平明显提高

政务信息基础设施是开展电子政务应用的基础。中国政府坚持信息基础设施先行，政务网络基础设施不断改善，对电子政务的支撑能力不断加强。

政务网络基础设施持续完善，已建成网络覆盖面最广、连接政务部门最多、承载业务类型最丰富的全国性政务公用网络。中央政务部门、省、地市、区县四级基本完成全覆盖，初步实现了横向到边、纵向到底，为全国性政务信息系统整合共享、“互联网+政务服务”体系建设、政务大数据安全可控汇聚和开发利用创造了良好的平台设施环境。截至2018年12月，已有40多个国家部委在政务网络上开展了业务应用，包括公众服务类应用、政府内部业务类应用和基础服务类应用。

集约化建设是近年电子政务发展的关注重点，在一定程度上解决了以往电子政务资金无序投入、系统重复建设、资源利用率低等问题。一方面，政务云集约化建设步伐持续加快。在中央部委层面，民政部对政务云平台实施双活存储及集群整合升级改造，业务支撑能力大大改善，系统高可用性和数据安全性得到有力保障。商务部应用集约化信息发布平台，为部领导、部机关、驻各地特派员办事处、驻外经商机构、直属事业单位及商会、学会、协会等单位建设了机构子站。在地方层面，北京、陕西、宁夏等二十余个省级行政区开展了政务云建设，通过“云”实现机房、存储设备、OA 系统等软/硬件资源的集中。例如，2018 年，北京政务云整合了 8 家云服务商，为 60 多个委办局的近 800 个业务系统提供云服务，有效支撑了各部门、各区之间的数据共享和业务协同。陕西将 95 个省级部门、11 个地市、107 个县的 1 233 个业务应用系统和数百个数据库部署在政务云平台上，通过集约化建设，节约了 55%的建设资金、60%的运维服务费用。截至 2019 年 7 月，宁夏电子政务公共云平台集中承载了 289 家单位、899 个应用系统，初步实现了政务信息系统的省级大集中。

另一方面，政府网站集约化建设取得明显成效。2018 年，国务院办公厅印发了《政府网站集约化试点工作方案》，确定北京、吉林、山东等 10 个省级行政区和西藏自治区拉萨市作为试点地区，启动了政府网站集约化试点工作，探索实现各级各类政府网站资源优化融合、平台整合安全、数据互认共享、管理统筹规范和服务便捷高效。例如，贵州省政府网站平台实现了对全省政府网站的集约化建设支撑，开展了政府网站的整体迁移、分级整合和规范建设。截至 2018 年年底，青岛政务网整合全市 73 个部门的涉及机构职能、公文、执法、办事等百万条信息资源，建立了政府“一站式”受理市民咨询、求助、批评、建议和投诉的渠道，年受理量突破 10 万件，累计开展网络问政 4 000 余次，参与网民 190 余万人次，解答市民的提问 14 万个，上千个“金点子”已纳入市政府决策或部门工作计划[1]。

[1] 数据来源：何毅亭，《中国电子政务发展报告（2018—2019）》。

4.6.2 网络安全保障能力不断增强

经过多年发展，电子政务已经渗透到中国经济社会发展的各个领域，电子政务信息系统承载着大量事关国家政治安全、经济安全、国防安全和社会稳定的数据和信息，其安全关系到电子政务的健康发展，是国家安全体系的重要组成部分。必须采取有效措施，建立健全电子政务信息安全保障体系，全面提高信息安全防护能力，重点保障基础信息网络和重要信息系统安全，创建安全健康的网络环境，推动电子政务健康发展、安全发展，切实保护公众利益，维护国家安全。

近年来，中国电子政务安全保障能力不断增强，相关部门研究制定了《数据安全管理办法（征求意见稿）》，完善了网络和信息安全基础设施，开展了党政机关网站网络安全监测通报；加强了政务信息资源使用过程中的个人隐私保护，强化政务信息资源采集、共享、使用的安全保障工作。

4.6.3 人才队伍建设力度加大

1. 电子政务专家咨询机制初步建立

2018年，中央网信办会同有关部门成立国家电子政务专家委员会，研究国家电子政务建设和管理中的重大问题，指导各地开展电子政务综合试点，研判电子政务发展态势，为制定国家电子政务发展战略规划和重大工程建设提供咨询意见。各地方积极推进电子政务专家咨询体系建设，截至2019年5月，北京、福建、新疆等10个省级行政区建立电子政务专家咨询机构，开展电子政务规划、项目评审、政策咨询、技术标准规范编制等，以专业咨询支撑科学决策。

2. 电子政务相关培训交流广泛开展

电子政务被列入公务员培训内容，《2018—2022年全国干部教育培训规划》将互联网、大数据、云计算、人工智能等新知识新技能培训纳入规划。从2017年开始，中央网信办每年组织开展全国电子政务培训班，围绕学习贯彻习近平总书记关于网络强国的重要思想，加快推进国家电子政务建设进行集中培训。2018年，国务院办公厅组织进行全国一体化在线政务服务平台建设动员部署暨集中培训会，加快推进全国一体化在线政务服务平台建设，深入推进“互联网+政务服务”。数字中国建设峰会、世界互联网大会等重要会议活动中都举办了电子政务、“互联网+政务服务”等相关论坛，展示电子政务发展案例，交流电子政务建设经验，探讨电子政务创新发展模式。此外，高校陆续设置电子政务课程和专业，截至2018年年底，已有50多所高校设置了电子政务专业或研究方向、100多所高校开设了电子政务课程。

3. 人才队伍建设不断强化

拓宽选人用人渠道，健全激励机制，建设一支既精通政务业务又具备数字战略思维的专业化队伍。以海南省为例，海南省大数据管理局实行员额管理制度，明确可根据工作需要设置省大数据管理局大数据架构师等高端特聘职位，内设机构由省大数据管理局自主管理，人员能进能出，员工薪酬水平参考市场因素自主确定，并建立个人薪酬与绩效考核相挂钩的激励制度。这些措施为吸引高端信息化人才，提升人员队伍水平创造了有利的条件。

随着新一代信息技术变革与政府自身改革深度融合，电子政务建设迎来了新的契机。加快电子政务建设，不仅需要进一步加强统筹协调、加强基础设施建设、加强新兴技术运用，还需要加快政府业务重组与流程再造、优化政府职能、探索公共信息资源开发利用，使数字政府建设真正成为激发经济社会发展活力、助力实现“两个一百年”奋斗目标的有力抓手。

第 5 章　网络内容建设和管理

5.1　概述

当今时代，以信息技术为代表的新一轮科技革命带来传播格局深刻变革，互联网的快速发展从更广的范围推动着思想、文化、信息的传播和共享，媒体格局和舆论生态正在进行整体性重塑，网络内容建设和管理既迎来新的重大机遇，也面临前所未有的挑战。

党的十八大以来，习近平总书记就加强网络意识形态工作、提高用网治网水平提出了一系列新理念新思想新论断，为做好新形势下网络内容建设和管理提供了根本原则。在 2018 年 8 月召开的全国宣传思想工作会议上，习近平总书记强调，必须科学认识网络传播规律，提高用网治网水平，使互联网这个最大变量变成事业发展的最大增量。2019 年 1 月，习近平总书记带领中共中央政治局同志来到《人民日报》社，以全媒体时代和媒体融合发展为主题进行第十二次集体学习，强调要运用信息革命成果，推动媒体融合向纵深发展，做大做强主流舆论，巩固全党全国人民团结奋斗的共同思想基础，为实现“两个一百年”奋斗目标、实现中华民族伟大复兴的中国梦提供强大精神力量和舆论支持。

一年来，在习近平总书记重要讲话精神的指引下，网络内容建设和管理紧紧围绕庆祝中华人民共和国成立 70 周年这条主线，始终坚持正能量是总要求、管得住是硬道理、用得好是真本事，紧跟时代步伐、顺应人民期待，科学认识网络传播规律，着力提高用网治网水平，不断壮大网上主流舆论，持续提升网络传播能力，稳步推进网络综合治理体系建设，网络空间正能量更加强劲、主旋律更加高昂。

5.2　网上主流舆论阵地不断壮大

2019 年是中华人民共和国成立 70 周年，是全面建成小康社会、实现第一个百年奋斗目标的关键之年。网上宣传舆论工作坚持守正创新、积极主动作为，深入学习宣传贯彻习近平新时代中国特色社会主义思想，紧紧围绕庆祝中华人民共和国成立 70 周年这条主线，加强重大主题宣传和议题设置，不断创新宣传方式、丰富传播载体、提高内容品质，网上新闻舆论传播力、引导力、影响力、公信力不断提升，为庆祝中华人民共和国成立 70 周年营造了良好的网上舆论氛围。

5.2.1　习近平新时代中国特色社会主义思想网上宣传有力有效

习近平新时代中国特色社会主义思想是马克思主义中国化最新成果，是全党全国人民为实现中华民族伟大复兴而奋斗的行动指南。各大主流媒体及商业网站聚焦思想引领，自觉把习近平新时代中国特色社会主义思想的网上宣传作为重中之重，全方位、立体化诠释这一重大思想理论的历史地位、精神实质、丰富内涵、实践要求和时代价值。中央和地方新闻网站、理论网站以及主要商业网站充分发挥互联网在强化思想引领中的重要作用，持续深入做好习近平新时代中国特色社会主义思想宣传阐释，让党的创新理论通过互联网“飞入寻常百姓家”，推动当代中国马克思主义、21世纪马克思主义深入人心、落地生根。

各网站平台坚持多角度解读、多渠道参与、全平台覆盖，不断顺应传播规律，变革报道理念，创新方法举措，大力开拓习近平新时代中国特色社会主义思想网上宣传报道新形式、新渠道、新语态，通过鲜活的画面、生动的表达，在网民中引起强烈的情感共鸣。人民网、新华网等重点新闻网站不断加强议题设置，利用大数据对主题、内容和受众进行分类梳理，推进精准化生产、智能化推送、互动化传播，生产了一批有趣有料的原创报道。求是网联合喜马拉雅FM将《习近平新时代中国特色社会主义思想三十讲》制作成有声书专辑，推出“从零到懂，30天听懂新思想”节目，以每天一讲的频率更新，在中央重点新闻网站及主流商业媒体同步转载，上线30天收听量突破1 300万人次，持续掀起网上学习热潮。

各大网站充分发挥各自优势，自觉讲好中国故事，积极开展习近平新时代中国特色社会主义思想对外宣传，不断深化国际社会对中国道路、中国模式、中国方案的理解和认同。国际在线开展“学习有道”多语种理论传播活动，紧紧围绕习近平总书记关于改革开放、经济民生、“一带一路”等的“金句”解读，以多语种动画、短视频等新媒体形式，运用国外网民听得懂、易接受的话语，深入阐释总书记治国理政的新理念新思想新论断。人民网以文、图+短视频的融合报道形式，在人民网英文频道、《人民日报》英文客户端等平台，介绍习近平新时代中国特色社会主义思想在各地的生动实践，立体、具体、真实地反映中国城乡面貌巨变，英国《每日电讯报》网站等外媒进行了转发，取得了良好的传播效果。

5.2.2 庆祝中华人民共和国成立 70 周年网上主题宣传氛围浓厚

中华人民共和国成立 70 周年是中华民族发展史上具有里程碑意义的重要节点。各大网络媒体自觉顺应时代潮流、反映人民心声，紧紧围绕庆祝中华人民共和国成立 70 周年这条主线，集中展现新中国的光辉历程，生动呈现中国人民的崭新面貌，不断激发爱国热情、凝聚奋进力量。中央重点新闻网站依托深厚内容功底，创新宣传报道形式，开设专题专栏，持续推出“壮丽 70 年 • 奋斗新时代”“爱国情 • 奋斗者”“我和我的祖国”等系列宣传报道，深入挖掘时代楷模和先进人物背后的故事。“壮丽 70 年 • 奋斗新时代”系列宣传报道深入挖掘普通百姓、普通家庭与共和国共同成长的故事，展示了具有代表性和标志性的典型地区经济发展、社会进步、人民幸福的生动画面，生动呈现新中国成立后各地各行业发生的翻天覆地的变化，开展“我爱这片蓝色的国土”“边疆党旗红”“决战脱贫攻坚 • 决胜全面小康”等多场主题采访活动，记者们走进基层、走进一线，让新闻采访走进百姓门、走进百姓心。

一批批鲜活生动的网络作品不断涌现，充分展示中华人民共和国成立 70 年来的光辉历程、伟大成就和宝贵经验，充分展现中华大地欣欣向荣、中国人民团结奋斗的时代图景，凝聚起同心协力、开拓进取、奋发有为的强大精神力量。围绕庆祝改革开放 40 周年持续掀起网上报道热潮，“改革开放再出发”主题宣传活动推出一大批创新语态作品，从历史、现实、未来和国家、社会、个人等各角度，全面展现了改革开放 40 年来特别是十八大以来全面深化改革取得的成就，为改革开放再出发鼓劲加油。据统计，网上相关作品超过 40 万篇次，总点击量超过 53 亿人次。

围绕决战脱贫攻坚、决胜全面小康，人民网、新华网、央视网等各大新闻网站积极进行宣传报道，生动讲解脱贫政策、讲述脱贫典型，展现脱贫攻坚工作成效，展现贫困地区人民为摆脱贫穷、实现美好生活而不懈奋斗的动人故事。围绕纪念五四运动 100 周年，各大新闻网站、视频网站积极报道“青春，为祖国歌唱‘传承篇’”网络拉歌接力活动，纷纷转载复旦大学等多所高校活动视频和相关报道，新浪微博#青春为祖国歌唱#活动话题引发网民积极参与互动，有效促进广大青年点燃爱国情、激发爱国志。此外，各大网络媒体围绕消费、物价、股市、就业、个税、医疗、教育、住房等民生热点问题，开设了“中国稳健前行”等专题专栏，展示中国政治稳定、经济发展、文化繁荣、社会和谐、生态良好、人民幸福的新时代面貌，推出大量数据有力、事实清晰、案例翔实的深度理性文章，主动回应网民关注的问题，积极进行解疑释惑，进一步在网络空间凝聚了民心、增强了信心、安定了人心。

5.2.3 马克思主义经典理论和党的创新理论网上宣传亮点纷呈

借助互联网传播手段和全新传播方式，网上理论宣传不断取得新成效，推动马克思主义经典理论和党的创新理论深入人心。2019 年 1 月，“学习强国”学习平台在全国上线。学习平台以宣传贯彻习近平新时代中国特色社会主义思想和党的十九大精神为主要内容，由 PC 端、手机客户端两大终端组成，聚合了大量期刊、古籍、公开课、图书、歌曲、戏曲、电影等资料，极大地满足了互联网条件下广大党员干部和人民群众对主流新闻信息的学习需求。截至 2019 年 4 月，学习平台注册用户总数突破 1 亿，日活用户比例达 40%～60%，成为推动党的理论现代化、大众化传播的旗舰力量。“理上网来”等网上理论传播精品栏目的影响力进一步提升，围绕“改革开放”“奋进新时代”主题开设的系列专题专栏，大型商业门户网站纷纷转载，不仅获得了大量点击，而且收获了大量好评。

为庆祝改革开放 40 周年，求是网与今日头条联合推出《理解中国改革开放的十个关键点》系列理论微视频，以短视频微传播的形式，开辟了传递改革开放理论知识的“另类讲堂”。微视频推出 1 个月，相关内容累计覆盖人群超过 5 亿人，全网点击量累计高达 1.2 亿人次，为理论传播创新积累了宝贵经验。为纪念马克思诞辰 200 周年，上海广播电视台东方广播中心、阿基米德 FM 移动客户端联合中共上海市委党校等单位，推出系列互联网音频节目——《给 90 后讲讲马克思》，通过贯穿马克思一生的 19 个小故事，帮助年轻人更好地了解马克思的人生历程以及他的重要思想成果对于当代中国的意义。全网点击量超过 2.7 亿人次，在互联网上掀起了一股年轻人收听马克思生平、学习马克思主义理论的热潮。

5.3　网络传播能力不断提升

习近平总书记指出，互联网已经成为人们生产生活的新空间，也应该成为党和政府凝聚共识的新空间。围绕强化网络传播能力、让主流价值传得更开更广更深入，总书记在政治局集体学习会上强调，推动媒体融合发展、建设全媒体成为我们面临的一项紧迫课题，要运用信息革命成果，推动媒体融合向纵深发展。各有关部门和网络媒体顺应互联网传播移动化趋势，通过流程优化、平台再造，以新技术引领媒体融合发展、驱动媒体转型升级，努力实现各种媒介资源、生产要素有效整合，实现信息内容、技术应用、平台终端、管理手段共融互通，网络阵地持续巩固拓展，内容生产机制逐步优化，网络文化产品日益丰富，网络传播能力加快提升。

5.3.1 媒体融合发展不断深化

各级各类新闻媒体顺应当前媒体格局和舆论生态的深刻变革，强化互联网思维，着力实现从单向式传播向互动式、服务式、体验式传播的思路转变，从单一表现形态向文字、图片、音/视频等全媒介的思路转变，从报纸、期刊、电台单一业态向网站、微博、微信、电子阅报栏、手机报、网络电视等全平台的思路转变，进一步探索利用互联网新技术新应用扩大主流声音的传播渠道。截至 2018 年 12 月 31 日，经各级网信部门审批的互联网新闻信息服务单位总计 761 家，具体服务形式包括互联网站 743 个，应用程序 563 个，论坛 119 个，博客 23 个，微博客 3 个，公众账号 2 285 个，即时通信工具 1 个，网络直播 13 个及其他 15 个形式服务，共计 3 765 个服务项[1]，全媒介传播格局进一步拓展。

1. 打造和建设新型主流媒体成为重要发展目标

当前，以《人民日报》社、新华社、中央广播电视总台等为代表的中央主流媒体不断加速媒体融合和机构改革进程，通过机制创新、部门融合等方式抢占新媒体发展战略制高点。《人民日报》社依托“中央厨房”平台，重建生产流程、打通内外渠道，优化管理决策、创新商业模式，先后组建了数十个融媒体工作室，“侠客岛”“学习大国”等一批融媒体工作室声名鹊起，目前《人民日报》已经从一张报纸拓展为涵盖报、网、

[1] 互联网新闻信息服务单位许可信息，中国网信网. 2019 年 1 月 11 日，见 http://www.cac.gov.cn/2019-01/11/c_1122842142.htm.

端、微、屏等 10 多种载体、综合覆盖受众达 7.86 亿人的“人民媒体矩阵”[1]。新华社高度重视人工智能技术对新闻业态的影响，着力探索人工智能与新闻场景的深度融合，加快打造以智能技术为基础、以人机协作为特征、以大幅度提高生产传播效率为重点的全球首个智能化编辑部，全流程嵌入“媒体大脑”等智能生产技术，全面推进智能技术应用，实现策划、采集、编辑、供稿、传播一体化指挥、多环节协同、多终端分发，推动技术建设与内容建设深度融合。中央广播电视总台新成立的新闻中心集中优势兵力，打造集群化、立体化、生态化的新闻报道矩阵，大大提升了全媒体传播能力。为庆祝中华人民共和国成立 70 周年，中央广播电视总台新闻中心开展“记者再走长征路”主题采访活动，在新闻频道推出“新长征再出发”特别编排，在“中国之声”全天聚焦“记者再走长征路”活动，进行多次直播连线，并在央视新闻新媒体设立专题，以图文、视频等多种形式进行直播，受到网友的广泛关注[2]。

2. 媒体深度融合为宣传群众、引导群众、服务群众提供了新的阵地和平台

地方重点新闻网站充分发挥扎根基层、贴近群众的天然优势，不断拓展经营思路，创新体制机制，借助自建的网络平台或商业网络平台，放大传播效果，逐步打造出一批具有一流水准、地方特色、充沛活力的网络阵地，为倾听群众心声、反映基层实践提供了重要平台和渠道，为宣传主流声音、净化网络生态贡献了重要力量和支撑。例如，澎湃新闻 5 年间从一个现象级网络新媒体产品向平台级互联网新型主流媒体不断

---

[1] 汪晓东：让党心和民心贴得更紧——写在习近平总书记“2・19”重要讲话发表三周年之际，2019 年 2 月 19 日，人民网，见 http://he.people.com.cn/n2/2019/0219/c192235-32654181-2.html。

[2] 李智：中央广播电视总台深度融合的十大关键词，2019 年 8 月 15 日，中国电影电视技术学会，见 http://www.ttacc.net/a/news/2019/0815/57925_2.html。

迈进。截至2018年年底，澎湃新闻移动端下载量达1.1亿次，日活跃用户950万人，成为地方新媒体发展的重要力量，在国内外都具有较高的知名度和影响力。

3. 县级融媒体中心成为媒体融合发展新的阵地

2019年，中宣部和国家广播电视总局联合发布《县级融媒体中心建设规范》和《县级融媒体中心网络安全规范》等多项政策规范文件，对县级融媒体中心建设做出总体要求和明确部署。各地积极组建县级融媒体中心，整合县级媒体资源，调整优化媒体布局，建强主流舆论阵地，拓展政务服务和生活服务，着力打造“传媒+政务”“传媒+服务”“传媒+电商”“传媒+文创”的信息服务综合体。一些地区结合本地实际，发展出了各具特色的县级融媒体中心建设模式。例如，浙江省长兴县在集团化运营的情况下，在内容、渠道、平台、经营、管理等方面实现全媒体深度融合，并创新拓展“新闻+政务”服务内容，借助云计算数据中心、综合基层治理平台，实现政务信息共享和业务协同，真正实现“数据跑路”代替“群众跑腿”[1]。江西省分宜县依托县级融媒体中心创立“画屏分宜”客户端，集成原广播电台、电视台、报纸、政务微博、微信公众号、手机报和政府网7个现有媒体端口，开设“党群”“乡镇”“村社”“问政”等栏目，开通多项便民服务，实现“新闻+政务+服务”的功能。

4. 政务新媒体蓬勃发展

2018年12月，国务院办公厅发布了《关于推进政务新媒体健康有序发展的意见》（国办发〔2018〕123号），强调政务新媒体是移动互联

---

[1] 县级媒体融合发展的“长兴探索”. 光明日报. 2018年12月7日，见 http://epaper.gmw.cn/gmrb/html/2018-12/07/nw.D110000gmrb_20181207_1-07.htm。

网时代党和政府联系群众、服务群众、凝聚群众的重要渠道，是加快转变政府职能、建设服务型政府的重要手段，是引导网上舆论、构建清朗网络空间的重要阵地，是探索社会治理新模式、提高社会治理能力的重要途径，各地区各部门要建设好、使用好政务新媒体。各级政府积极利用互联网平台建设政务新媒体，截至2019年6月，全国31个省（自治区、直辖市）均已开通微信城市服务、政务机构微博和政务头条号。其中，微信城市服务累计用户数达6.2亿人。新浪平台认证的政务机构微博为13.9万个。各级政府共开通政务头条号81 168个[1]。

5.3.2 内容生产模式不断优化

主流媒体主动把握互联网时代传播规律的新变化，积极顺应互联网用户内容消费需求的新特点，在网上宣传报道实践中注重立足内容优势、实施精品战略，不断运用新语态报道新时代、大力借助新业态开展新表达，推出一大批优秀网络新闻作品，带动网络新闻信息的到达率、阅读率、点赞率进一步提升。2018年11月，第二十八届中国新闻奖揭晓，共有348件作品获奖。5件获特别奖，其中包括网页设计和融媒直播作品各1件；62件获一等奖，其中包含网络评论、网页专题、融媒体短视频、融媒栏目、融媒创新等各类网络内容作品15件，占比接近25%，网络内容精品得到社会各界广泛认可。第二十八届中国新闻奖网络内容获奖作品（特别奖和一等奖）见表5-1。

[1] 第44次《中国互联网络发展状况统计报告》，CNNIC中国互联网络信息中心，2019年8月30日。见http://www.cnnic.net.cn/hlwfzyj/hlwxzbg/hlwtjbg/201908/t20190830_70800.htm。

表 5-1　第二十八届中国新闻奖网络内容获奖作品（特别奖和一等奖）[1]

序号	奖次	项目	题目	刊播单位/发布账号
1	特别奖	网页设计	央视网零首页十九大特别报道矩阵设计	央视网
2	特别奖	融媒直播	两会进行时	人民网法人微博
3	一等奖	网络评论	极恶！拿慰安妇头像做表情包，良心何在	中青在线
4	一等奖	网络专题	绝壁上的“天路”	华龙网
5	一等奖	网络专题	初心	央视新闻客户端
6	一等奖	网络访谈	权威专家解析印军非法侵入我国领土的背后	中国新闻网
7	一等奖	网页设计	不忘历史 矢志复兴——南京大屠杀死难者国家公祭日	荔枝网
8	一等奖	融媒短视频	柳州融水突围记|《广西日报》记者“失联”数十小时，在穿越40处塌方后发回灾区最新画面！	《广西日报》微信、《广西日报》客户端（广西云客户端）
9	一等奖	融媒短视频	公仆之路	央视影音
10	一等奖	融媒直播	“天舟一号”发射任务 VR 全景直播	央视影音、腾讯视频
11	一等奖	融媒互动	“军装照”H5	《人民日报》客户端
12	一等奖	融媒互动	点赞十九大，中国强起来	新华社客户端
13	一等奖	融媒栏目	侠客岛	微信公众号
14	一等奖	融媒栏目	国际锐评	微信平台
15	一等奖	融媒界面	长幅互动连环画|天渠：遵义老村支书黄大发36年引水修渠记	澎湃新闻
16	一等奖	融媒创新	领航	新华社客户端
17	一等奖	融媒创新	“央广主播的朋友圈”系列 H5 报道	“中国之声”微信公号

随着网络平台的日益多元化和创作生产的大众化，网络内容生产中，UGC（用户原创内容）模式、PGC（专业生产内容）模式进一步向连接

[1] 第二十八届中国新闻奖获奖作品目录，新华网，2018 年 11 月 3 日，见 http://www.xinhuanet.com/2018-11/03/c_1123656210.htm。

内容生产者与平台方、广告商的MCN（多频道网络产品传播形态）发展。社交媒体成为网络内容生产模式探索的前沿平台。早期微博的内容基于用户自主生产和发布，随后专业化内容生产者进入微博、微博内容生产向各领域专业化发展。目前，微博内容生产模式已开始向 MCN 过渡，通过联合 PGC 内容和资本运作，实现优质内容的持续稳定输出。在短视频创作上，MCN 也成为新的发展方向。2019 年，快手推出“光合计划”，助力培育 10 万个优质创作者；抖音也推出了“蓝 V 生态计划”，推动短视频内容生产向专业化方向发展。UGC、PGC、MCN 生产模式交叉混合，使网络内容生产充满创造性和生命力，推动优质内容不断涌现。面对这一新的发展趋势，主流媒体与商业平台开启双方合作新模式的探索，主流媒体借助其既有的内容生产能力、社会公信力等优势，与商业媒体平台实现媒介资源的整合、融合和创新，通过商业平台这一信息分发渠道，实现合作共享，扩大传播面，提高影响力。例如，新华网立足内容优势，结合中央重要活动节点，推出系列解读文章，基于优质内容，得到微博、微信公众号、今日头条、搜狐、网易等各大平台终端的持续追踪和关注；通过新媒体平台的扩散，平均每组报道得到了超过 400 家媒体的转载。

5.3.3 网络文化产品新鲜多元

互联网已成为传播中华优秀文化、丰富人们精神世界的重要载体。网络文化建设着眼于用社会主义核心价值观和人类优秀文明成果滋养人心、滋养社会，把培育积极健康、向上向善的网络文化作为着力点。一年来，网络文化生产形式不断创新、内容不断丰富，在推动中国特色社会主义文化繁荣兴盛的同时，也为满足人民群众日益增长的精神文化需求提供了有力支撑。

中华优秀文化和社会主义核心价值观网络传播有声有色。网络文化生产聚力打造精品，提炼出中华优秀文化的精神标识，展示出中华优秀文化的内涵精髓，通过互联网更好地传播中华文化、展现新时代风采。中华文化新媒体传播工程的重点项目扎实推进，围绕传统节日习俗、文化内涵、家园情怀等主题，以春节、元宵节、端午节、中秋节、重阳节等传统节日为契机，精心策划新媒体作品，加强“我们的节日”网上传播，多内涵阐释、立体化传播、全方位展示，在网上营造了喜庆团圆、文明祥和的节日氛围；“文脉颂中华 · e 页千年”“文脉颂中华 · 名家@传承”“文脉颂中华 · 非物质文化遗产”等网络主题传播，有力地推动了中华优秀传统文化创造性转化、创新性发展，为中华优秀传统文化“活起来”“火起来”贡献了积极力量。社会主义核心价值观网上传播积极有效。中央重点新闻网站、各大商业网站深入挖掘社会主义核心价值观的理念内涵和典型事迹，综合采用图文、视频、H5 等多媒体手段，精心打造《中国梦实践者》等品牌栏目，讲述新时代中国人民奋斗追梦、圆梦的故事，引导广大网民特别是青少年网民积极践行社会主义核心价值观、传播正能量。围绕传承红船精神、长征精神、红岩精神、载人航天精神、改革开放精神等中国精神，网络媒体开展了“精神的力量 · 新时代之魂”网络主题宣传活动，通过记录反映各地的生动实践，共同探讨中国精神的时代内涵。一批网络精品栏目脱颖而出，相关话题访问量达数十亿次。

网络文化产业日趋成熟，秩序逐步规范，网络音乐、网络游戏、网络视频、网络直播等各种网络文化产品蓬勃发展。网络音频持续发力，以腾讯音乐、网易云音乐为代表的音乐类 App 先后在资本市场完成融资，推动了网络音乐的快速发展。截至 2019 年 6 月，中国网络音乐用户规模达 6.08 亿人，较 2018 年年底增加 3 229 万人[1]。网络游戏平稳发展，截至 2019 年 6 月，中国网络游戏用户规模达 4.94 亿人，较 2018 年年底增

[1] 第 44 次《中国互联网络发展状况统计报告》，CNNIC 中国互联网络信息中心，2019 年 8 月 30 日，见 http://www.cnnic.net.cn/hlwfzyj/hlwxzbg/hlwtjbg/201908/t20190830_70800.htm。

长 972 万人；手机网络游戏用户规模达 4.68 亿人，较 2018 年年底增长 877 万人[1]。腾讯、网易、完美世界等国内游戏运营商与 Ubisoft（育碧）、Valve（威尔乌）等国外游戏开发商进行合作，国产游戏“出海”效应初现。网络视频稳定增长，截至 2019 年 6 月，中国网络视频用户规模达 7.59 亿人，较 2018 年年底增加 3 391 万人，占网民总数的 88.8%[2]。特别是短视频发展势头强劲，截至 2019 年 6 月，中国短视频用户规模为 6.48 亿人，占网民总数的 75.8%[3]。2019 年上半年，短视频月人均使用时长超过 22 小时，同比上涨 8.6%[4]。

5.4　网络综合治理体系不断完善

建立网络综合治理体系是党的十九大做出的重要战略部署。2019 年 7 月，中央全面深化改革委员会审议通过了《关于加快建立网络综合治理体系的意见》，明确了网络综合治理体系建设的指导思想、基本原则、发展目标和主要任务，网络综合治理体系顶层设计进一步完善。各地区各部门扎实推进网络综合治理体系建设，相关法律法规不断健全，技术治网能力持续提升；网络平台主体责任不断压实，网络综合治理成效进一步显现。

---

[1] 第 44 次《中国互联网络发展状况统计报告》，CNNIC 中国互联网络信息中心，2019 年 8 月 30 日，见. http://www.cnnic.net.cn/hlwfzyj/hlwxzbg/hlwtjbg/201908/t20190830_70800.htm。

[2] 第 44 次《中国互联网络发展状况统计报告》，CNNIC 中国互联网络信息中心，2019 年 8 月 30 日，见 http://www.cnnic.net.cn/hlwfzyj/hlwxzbg/hlwtjbg/201908/t20190830_70800.htm。

[3] 第 44 次《中国互联网络发展状况统计报告》，CNNIC 中国互联网络信息中心，2019 年 8 月 30 日，见 http://www.cnnic.net.cn/hlwfzyj/hlwxzbg/hlwtjbg/201908/t20190830_70800.htm。

[4] 2019 年短视频行业半年度洞察报告，QuestMobile，2019 年 7 月 22 日，见 https://www.questmobile.com.cn/research/report-new/58。

5.4.1 领导管理体系日益健全

2018 年 3 月，中共中央印发了《深化党和国家机构改革方案》，将中央网络安全和信息化领导小组改为中央网络安全和信息化委员会，优化中央网络安全和信息化委员会办公室职责，将国家计算机网络与信息安全管理中心由工业和信息化部管理调整为由中央网络安全和信息化委员会办公室管理。一年来，利用机构改革有利契机，中央、省（自治区、直辖市）、市三级网信管理工作体系进一步完善，各省（自治区、直辖市）都成立了省级党委网信委及其办公室，部分省（自治区、直辖市）的网信机构设置延伸到了县一级。围绕网信部门的职责定位和使命要求，全国网信系统积极推进工作机制建设，通过建立健全统筹协调、应急管理、重大问题会商、重大决策督办、重要信息通报等制度，不断规范治网管网权力的运行机制和监督机制，确保属地管理责任全面落实到位。浙江、广东、山东等省积极探索建立网络内容综合治理协作机制，着力健全跨部门、跨层级、跨地域、跨系统、跨业务的网络内容治理分工与协作机制，使政府监管与网民自律、内容安全与内容创新、用户管理与平台管理之间相互协同、高效运作，互联网管理体制机制进一步完善。

各地区各部门认真贯彻落实网络意识形态工作责任制，制定并出台了具体工作办法或实施方案，进一步明确党员干部特别是领导干部的意识形态工作责任，坚决守好网上"责任田"，使网络意识形态工作责任制逐步落实。例如，山西等省出台了《关于进一步加强全省网络安全和信息化工作的实施意见》，把落实网络意识形态工作责任制作为重要内容进行安排部署，并对领导干部抓网络生态治理等工作任务的能力标准、学习培训、考核奖惩、组织保障等提出明确指导，压实压细了工作责任。

5.4.2 依法治网持续深入推进

法治是管长效、管根本的，健全网络法治体系是网络综合治理体系建设的关键环节。互联网发展日新月异，新情况新问题层出不穷，迫切需要法律法规的规范引导。针对互联网发展中存在的突出问题，国家互联网信息办公室开展了大量立法工作，先后出台了相关部门规章、管理规定文件等 20 余个，特别是对即时通信工具、互联网直播、网络视听节目、应用程序、公众账号、群组、跟帖评论等方面进行了规范。2019 年 1 月和 8 月，又分别出台了《区块链信息服务管理规定》和《儿童个人信息网络保护规定》；2019 年 9 月，就《网络生态治理规定》向社会公开征求意见，进一步完善综合治理的法律法规体系。中宣部、教育部、文化部、广电总局等结合自身职能定位，推出了一系列管理意见和规定，为依法治网提供了有力法治保障。

围绕营造天朗气清、风清气正的网络生态，各级网信部门积极落实网络执法职责，加强网络执法，加大惩戒力度。从 2019 年 1 月起，国家网信办会同有关部门，在全国范围内开展为期 6 个月的网络生态治理专项行动，集中整治淫秽色情、低俗庸俗、暴力血腥、恐怖惊悚、赌博诈骗、网络谣言、封建迷信、谩骂恶搞、标题党、威胁恐吓、仇恨煽动、传播不良生活方式和不良流行文化 12 类负面有害信息，有力遏制各类有害信息反弹反复，整治行动效果显著。例如，针对网络音频乱象启动专项整治行动，首批依法依规对 26 款传播历史虚无主义、淫秽色情内容的违法违规音频平台，分别采取了约谈、下架、关停服务等处罚措施[1]。北

[1] 国家网信办集中开展网络音频专项整治[EB/OL]，中国网信网，2019 年 6 月 28 日，见 http://www.cac.gov.cn/2019-06/28/c_1124685210.htm。

京、上海、天津等地网信部门积极落实属地管理责任，加大网络生态治理执法力度，持续开展整治活动，不断规范网上传播秩序。截至 2019 年 7 月，全国网信系统依法约谈 1 333 家网站，警告 884 家网站，暂停更新 181 家网站，会同电信主管部门取消违法网站许可或备案、关闭违法网站 4 986 家，移送司法机关相关案件线索 663 件。有关网站依据用户服务协议关闭各类违法违规账号群组近 30 万个[1]。涉及网络内容治理的部分法规政策见表 5-2。

表 5-2　涉及网络内容治理的部分法规政策

序　号	时　　间	发布机构	法规政策名称	规范重点
1	2014 年 8 月	国家互联网信息办公室	《即时通信工具公众信息服务发展管理暂行规定》	推动即时通信工具公众信息服务健康有序发展，保护公民、法人和其他组织的合法权益，维护国家安全和公共利益
2	2015 年 2 月	国家互联网信息办公室	《互联网用户账号名称管理规定》	加强对互联网用户账号名称的管理，保护公民、法人和其他组织的合法权益
3	2016 年 6 月	国家互联网信息办公室	《互联网信息搜索服务管理规定》	规范互联网信息搜索服务，促进互联网信息搜索行业健康有序发展，保护公民、法人和其他组织的合法权益，维护国家安全和公共利益
4	2016 年 6 月	国家互联网信息办公室	《移动互联网应用程序信息服务管理规定》	加强对移动互联网应用程序（App）信息服务的管理，保护公民、法人和其他组织的合法权益，维护国家安全和公共利益
5	2016 年 7 月	国家互联网信息办公室	《关于进一步加强管理制止虚假新闻的通知》	打击和防范网络虚假新闻，规范网络新闻信息传播秩序

[1] 一季度全国网信行政执法工作取得新成效，中国网信网，2019 年 4 月 24 日，见 http://www.cac.gov.cn/2019-04/24/c_1124410176.htm；二季度全国网信行政执法工作持续推进，中国网信网，2019 年 7 月 29 日，见 http://www.cac. gov.cn/2019-07/29/c_1124812129.htm。

续表

序　号	时　　间	发布机构	法规政策名称	规范重点
6	2016 年 11 月	国家互联网信息办公室	《互联网直播服务管理规定》	加强对互联网直播服务的管理，保护公民、法人和其他组织的合法权益，维护国家安全和公共利益
7	2017 年 5 月	国家互联网信息办公室	《互联网新闻信息服务管理规定》	加强互联网信息内容管理，促进互联网新闻信息服务健康有序发展
8	2017 年 5 月	国家互联网信息办公室	《互联网信息内容管理行政执法程序规定》	规范和保障互联网信息内容管理部门依法履行行政执法职责，正确实施行政处罚，促进互联网信息服务健康有序发展
9	2017 年 7 月	国家互联网信息办公室	《全国互联网直播服务企业进行登记备案通知》	加大整治网络直播乱象力度
10	2017 年 8 月	国家互联网信息办公室	《互联网跟帖评论服务管理规定》	规范互联网跟帖评论服务
11	2017 年 8 月	国家互联网信息办公室	《互联网论坛社区服务管理规定》	规范互联网论坛社区服务，促进互联网论坛社区行业健康有序发展，保护公民、法人和其他组织的合法权益，维护国家安全和公共利益
12	2017 年 9 月	国家互联网信息办公室	《互联网用户公众账号信息服务管理规定》和《互联网群组信息服务管理规定》	规范互联网用户公众账号以及各类群组管理工作
13	2017 年 10 月	国家互联网信息办公室	《互联网新闻信息服务新技术新应用安全评估管理规定》	规范开展互联网新闻信息服务新技术新应用安全评估工作，维护国家安全和公共利益，保护公民、法人和其他组织的合法权益
14	2017 年 10 月	国家互联网信息办公室	《互联网新闻信息服务单位内容管理从业人员管理办法》	加强对互联网新闻信息服务单位内容管理从业人员的管理，维护从业人员和社会公众的合法权益，促进互联网新闻信息服务健康有序发展
15	2017 年 12 月	中宣部等八部委	《关于严格规范网络游戏市场管理的意见》	针对网络游戏违法违规行为和不良内容的集中整治
16	2018 年 2 月	国家互联网信息办公室	《微博客信息服务管理规定》	促进微博客信息服务健康有序发展，保护公民、法人和其他组织的合法权益，维护国家安全和公共利益

续表

序　号	时　　间	发布机构	法规政策名称	规范重点
17	2018 年 3 月	广电总局	《关于进一步规范网络视听节目传播秩序的通知》	针对近期一些网络视听节目制作、播出不规范的问题，规范网络视听节目的传播秩序
18	2018 年 11 月	国家互联网信息办公室	《具有社会舆论属性或社会动员能力的互联网信息服务安全评估规定》	加强对具有舆论属性或社会动员能力的互联网信息服务和相关新技术新应用的安全管理，规范互联网信息服务活动
19	2019 年 1 月	国家互联网信息办公室	《区块链信息服务管理规定》	规范区块链信息服务活动
20	2019 年 1 月	中国网络视听节目服务协会	《网络短视频平台管理规范》和《网络短视频内容审核标准细则》	从平台管理和内容审核方面进行规范短视频行业
21	2019 年 8 月	国家互联网信息办公室	《儿童个人信息网络保护规定》	关注儿童个人信息网络保护、保障儿童健康成长

5.4.3 企业主体责任不断压实

互联网企业认真履行网络平台主体责任，高度重视平台的内容管理和监督工作，通过提升技术能力、完善规章制度、规范流程管理等多种方式强化内容治理。2019 年上半年，百度运用人工智能技术审核处置淫秽色情类、毒品类、赌博类、诈骗类、侵权类等 11 类有害信息 312.5 亿条[1]。微信公众平台发布《微信公众平台“洗稿”投诉合议规则》等文件，以规范化制度保障公众平台内容健康。今日头条不断加强人工审核能力建设，审核团队人数已经超过 10 000 名。此外，多家互联网企业为抵制网络转载乱象，保护媒体自身版权，通过区块链、公钥加密和可信时间戳等技术，为新闻原创作品提供权属认证、取证服务，主动防控版权侵

[1] 百度信息安全治理半年报，新京报，2019 年 7 月 11 日，见 http://www.bjnews.com.cn/finance/2019/07/11/602394.html。

权行为[1]。

互联网企业不断加强行业自律，积极参与建立行业组织，共同推出自律公约。2018 年 12 月，在第五届中国互联网新型版权问题研讨会上，腾讯、百度、爱奇艺、搜狐、新浪、快手等公司共同发起中国网络版权产业联盟，并发布《中国网络短视频版权自律公约》[2]，促进了行业共识的建立，进一步规范了行业运行秩序。

5.4.4　社会监督渠道更加通畅

近年来，各类网络平台逐步建立健全举报机构，畅通举报渠道，受理处置公众对色情、低俗、谣言、赌博、暴恐等各类网上有害信息的举报，弥补网络平台治理过程中技术、人员等支撑能力不足的问题。国家互联网信息办公室违法和不良信息举报中心开通官方网站、网络举报 App、12377 举报热线等多种举报渠道，先后组织六批共 2 600 余家网站向社会统一公布举报受理方式，为网民参与举报提供便利。2019 年，全国各级网络举报部门受理互联网违法和不良信息举报共计 9 403.9 万件，全社会共同参与网络空间治理的积极性不断提升[3]。

国家互联网信息办公室会同教育部、科技部等 27 家指导单位建立中国互联网联合辟谣平台，对危害国家安全、扰乱社会秩序、损害群众权益、误导公共舆论等网络谣言，及时查证，主动澄清，权威辟谣，为广

[1] 2018 年中国网络版权保护年度报告，中国信息通信研究院，2019 年 4 月 26 日，见 http://www.199it.com/archives/869531.html。

[2] 互联网企业发起短视频版权自律公约，中国新闻出版广电报，2018 年 12 月 21 日，见 http://media.people.com.cn/n1/2018/1221/c14677-30481141.html。

[3] 数据统计截至 2019 年 8 月。数据来源：国家网信办举报中心，见 http://www.12377.cn/node_543837.htm。

大群众提供了辨识谣言、举报谣言的权威平台，协力筑牢辟谣“防火墙”。中国互联网联合辟谣平台自 2018 年 8 月上线以来共发布、推送辟谣稿件 4 000 余篇，将“全国网络举报工作管理系统”谣言举报数据、新浪微博等成员单位推送的谣言线索接入平台数据库。2019 年上半年，累计整合接入辟谣数据 7 万余条，互联网联合辟谣机制作用逐渐显现。

5.4.5 网民自律意识不断增强

网民是网络空间的主体。当前中国网民整体表现出较高的文化水平和爱国热情，网络安全防范意识、有害信息辨别能力持续增强，多数网民已经意识到网络空间不是“法外之地”，自觉抵制网络空间谣言、恐怖、淫秽、贩毒、洗钱、赌博、窃密、诈骗等违法犯罪活动。网络诚信体系建设逐步推进，不跟风、不盲从的网络精神开始在网民心中落地扎根，敢于发声、善于发声、巧于发声，自觉做网络空间良好秩序维护者的网民不断增多。

2019 年 2 月，国家互联网信息办公室联合教育部、中国人民银行、全国总工会、共青团中央、全国妇联等部门，在京召开 2019 年争做中国好网民工程推进会，强调要发挥广大网民的积极作用，深化网络素养教育，健全多主体协同治理机制，推进网络文化活动品牌建设，吸引凝聚更多网民在网上正面发声，助推网络综合治理体系加快建立健全。2019 年春节期间，人民网、中青在线发起“回乡看中国”中国好网民新春采风活动，共征集到 2 000 余份作品，网民以不同形式的作品反映基层建设成果，展现百姓良好生活品质，弘扬正能量[1]。同年 8 月，第三届

[1] 2019 中国好网民新春采风活动获奖作品公示，人民网，2019 年 4 月 11 日，见 http://www.people.com.cn/n1/2019/0411/c347407-31025145.html。

“中国青年好网民”优秀故事征集活动举办，共征集到 2 095 个故事，评选出 100 个优秀故事，赢得广大网民的点赞[1]。

网络空间已成为亿万民众共同的精神家园。当前，以 5G、人工智能、大数据等为代表的新一代信息技术快速发展，为网络内容建设带来新的机遇，也为网络内容管理带来新的挑战。只有坚持正确的政治方向、舆论导向、价值取向，不断推进网络传播理念、内容、形式、方法、手段等的创新，持续推动媒体融合向纵深发展，加快提升网络综合治理能力，真正巩固和壮大网上主流思想舆论阵地，才能牢牢占据舆论引导、思想引领、文化传承、服务人民的传播制高点，为广大网民营造一个风清气正的网络空间。

[1] 第三届“中国青年好网民”优秀故事揭晓，中国网，2019 年 8 月 27 日，见 http://zjnews.china.com.cn/2019hwm/jj/2019-08-27/185623.html。

第 6 章　网络安全防护和保障

6.1　概述

没有网络安全就没有国家安全。网络安全事关国家安全和社会稳定，事关人民群众切身利益，越来越成为关乎全局的重大问题。当前，网络安全威胁广泛多元、隐蔽性强，与其他领域威胁深度结合、相互激发，使国家安全边界扩大，安全问题的综合性、联动性、多变性日益凸显。面对严峻复杂的网络安全态势，中国全面贯彻落实总体国家安全观，树立正确的网络安全观，以安全保发展，以发展促安全，扎实推进网络安全工作，着力提升网络安全保障能力，筑牢国家网络安全屏障。

网络安全形势总体严峻复杂。传统网络安全威胁依然不容忽视，中央处理器（CPU）芯片、中间件等基础、开源和应用软/硬件漏洞严重威胁网络安全，分布式拒绝服务（DDoS）攻击频次下降但峰值流量持续攀升，针对国家重点行业单位的高级持续性威胁（APT）之类的攻击多发频发，勒索病毒威胁加剧，大规模用户个人信息泄露问题依旧严重。新型网络安全威胁不断出现，虚假仿冒移动应用成为网络诈骗新渠道，云平台成为网络攻击重要目标，联网智能设备面临恶意攻击。重点领域网络安全事件时有发生，针对高危隐患严重的工业互联网的攻击趋势明显，互联网金融平台和移动应用安全隐患严重，医疗卫生行业重要信息系统和数据面临严峻的网络安全挑战，电力等行业的关键信息基础设施成为国家级攻击目标。

网络安全各项工作扎实推进。网络安全防护和保障工作取得积极成效，关键信息基础设施安全保护、网络安全等级保护、数据安全管理和个人信息保护以及云计算服务安全评估工作不断加强，网络安全事件处置和专项治理工作深入开展，网络安全产业与技术稳步发展，网络安全人才培养持续推进，公民网络安全意识和防护技能不断提升。

6.2　网络安全形势总体上严峻复杂

当前，网络安全形势依然严峻，网络安全环境日趋复杂，网络安全风险进一步加大。

（1）传统网络安全威胁依然突出，基础软/硬件漏洞相继曝光，DDoS 攻击峰值流量持续攀升，APT 攻击不断加剧，勒索病毒攻击事件多发、变种频繁，个人信息泄露问题突出。

（2）移动互联网、云平台、联网智能设备等新技术新应用在丰富数字生活的同时，也扩大了网络暴露面，带来了新威胁和新风险。

（3）工业互联网、互联网金融平台和医疗、电力等行业关键信息基础设施面临着更多安全问题。

6.2.1 传统网络安全威胁依然严重

1. CPU 芯片、中间件等基础软/硬件漏洞严重威胁网络安全

网络安全漏洞是网络威胁的重要来源，多数网络安全事件是因漏洞引发的。自 2018 年以来，许多应用广泛的软硬件相继被披露存在安全漏洞，且修复难度很大，给网络安全带来严峻挑战。硬件漏洞包括计算机 CPU 芯片的 Meltdown 漏洞[1]和 Spectre 漏洞[2]等，这些漏洞存在于英特尔（Intel）X86 及 X64 的硬件中，不仅 1995 年以后生产的 Intel、AMD、ARM 处理器芯片会受到影响，而且使用这些处理器芯片的 Windows、Linux、Mac OS、Android 等操作系统和亚马逊、微软、谷歌、腾讯云、阿里云等云计算设施也会受到影响。利用这些漏洞，攻击者可以绕过内存访问的安全隔离机制，使用恶意程序来获取操作系统和其他程序的被保护数据，造成内存敏感信息泄露。软件漏洞包括 WinRAR 压缩包管理软件、Microsoft 远程桌面服务、Oracle Weblogic server、Cisco Smart Install 等，这些基础软件广泛应用于中国基础应用和通用软/硬件产品中，网络安全隐患极大。国家信息安全漏洞共享平台（CNVD）在 2018 年新增收录安全漏洞 14 201 个，同比减少了 11%。其中，高危漏洞收录数量为 4 898 个，同比减少 12.8%，但威胁性极高的“零日”漏洞[3]同比增长 39.6%。2019 年上半年，收录通用型安全漏洞 5 859 个。其中，高危漏洞收录数量为 2 055 个。

---

[1] Meltdown 漏洞：CNVD-2018-00303 对应 CVE-2017-5754。

[2] Spectre 漏洞：CNVD-2018-00302 和 CNVD-2018-00304 对应 CVE-2017-5715 和 CVE-2017-5753。

[3] “零日”漏洞是指 CNVD 收录该漏洞时还未公布补丁的漏洞。

2. DDoS 攻击频次下降但峰值流量持续攀升

自 2018 年以来，通过对 DDoS 攻击资源的专项治理，中国境内的 DDoS 攻击频次总体上呈现下降趋势。国家互联网应急中心（CNCERT）监测发现，2019 年上半年，用于发起 DDoS 攻击的 C&C 控制服务器[1]数量共 1 612 个。其中，位于中国境内的有 144 个，约占总量的 8.9%，同比减少 13%，位于境外的控制端数量同比增长超过一倍；总“肉鸡”[2]数量约 64 万个，同比下降 10%；反射攻击服务器约 617 万个，同比下降 33%。但峰值流量持续攀升，境内峰值流量超过 Tb/s 级的攻击次数增幅较往年明显。2019 年，利用公开代理服务器向目标网站发起大量访问的网络攻击越来越多，它使用较少攻击资源，绕过网站配置的 CDN 节点开展攻击，直接造成网站访问缓慢甚至瘫痪。

3. 针对国家重点行业单位的 APT 攻击多发频发

APT 攻击对国家安全、经济发展、公民权益构成了严重威胁。根据有关机构监测以及公开资料和报告，自 2018 年以来，政府部门、国有企业、科研机构及能源、通信、军工、核等基础设施频繁受到 APT 攻击[3]。目前明确针对中国境内实施攻击活动且依旧活跃的公开 APT 组织，包括“海莲花”“摩诃草”“蔓灵花”、Darkhotel、Group 123、“毒云藤[4]”和“蓝宝菇”等。其中，“海莲花”组织是近几年来针对中国大陆进行攻击活动最活跃的 APT 攻击组织之一，攻击目标众多且领域广泛，包括政府部门、

---

[1] C&C 控制服务器：全称为 Command and Control Server，即“命令及控制服务器”，目标机器可以接收来自服务器的命令，从而达到服务器控制目标机器的目的。

[2] “肉鸡”：接收来自 C&C 控制服务器指令、对外发出大量流量的被控联网设备。

[3] 数据来源：奇安信威胁情报中心发布的《全球高级持续性威胁（APT）2018 年总结报告》和腾讯御见威胁情报中心发布的《2019 年上半年高级持续性威胁（APT）研究报告》。

[4] 国内其他安全厂商称之为“穷奇”或“绿斑”等。

大型国企、金融机构和科研机构等。2019 年上半年，有关机构持续监测到该组织的攻击活动，大量中国企业成为攻击目标；“毒云藤”组织对国防、政府、科技、教育以及海事机构等重点单位和部门进行了长期的网络攻击活动，主要关注军工、中美关系、两岸关系和海洋相关领域，通过使用鱼叉攻击投放漏洞文档或二进制可执行文件；“蓝宝菇”组织主要关注核工业和科研等相关信息，使用鱼叉邮件实施攻击。

4. 勒索病毒对重要行业关键信息基础设施的威胁加剧

自 2018 年以来，勒索病毒攻击事件频发，变种数量不断攀升，影响力和破坏力显著增强，对网络安全的威胁依然较大。2018 年，CNCERT 捕获勒索软件近 14 万个，总体上呈现增长趋势。其中，受到公众广泛关注的勒索病毒 GandCrab 仅在 2018 年就出现了约 5 个大版本和 19 个小版本；勒索病毒 Lucky 可通过利用弱口令漏洞、Window SMB 漏洞等进行快速攻击传播，防范难度很大。重要行业的关键信息基础设施逐渐成为勒索病毒的重点攻击目标，政府、医疗、教育、研究机构、制造业等遭受勒索病毒攻击较严重。例如，GlobeImposter、GandCrab 等勒索病毒变种攻击了中国多家医疗机构，导致医院信息系统运行受到严重影响。

5. 大规模用户个人信息泄露问题依然严重

大规模用户个人信息泄露事件层出不穷，持续引发社会各界的广泛关注和担忧。2018 年，中国发生了一系列用户个人信息泄露事件，快递公司 10 亿余条用户信息、某连锁酒店 2.4 亿条入住信息、某网站 900 万条用户数据信息等被泄露，包含了姓名、地址、银行卡号、身份证号、联系电话、家庭成员等大量个人隐私信息，给网民人身安全、财产安全带来重大安全隐患。2019 年年初，在中国境内大量被使用的 MongoDB、Elasticsearch 数据库相继曝出存在可能导致数据泄露的安全漏洞。

CNCERT 抽样监测发现，中国境内互联网上用于 MongoDB 数据库服务的 IP 地址约 2.5 万个。其中，存在数据泄露风险的 IP 地址超过 3 000 个，抽样分析的 11 000 个数据库中，存在高危漏洞的占比达 43%，涵盖不少重要行业。Elasticsearch 数据库也曝出类似安全隐患，抽样分析的 9 000 个数据库中，存在高危漏洞的占比更是达到 73%。上述两种数据库主要分布在北上广浙等地区，所有者以企业为主，攻击门槛很低，在默认情况下，无须权限验证即可通过默认端口访问本地或远程数据库，并可进行任意的增、删、改、查等操作，数据泄露风险较大。

6.2.2 新型网络安全威胁不断出现

1. 虚假和仿冒移动应用增多且成为网络诈骗新渠道

近年来，随着互联网对经济、生活领域的深度渗透，通过互联网对网民实施远程非接触式诈骗的手法不断翻新，先后出现了“网络投资”“网络交友”“网购返利”等各类新型网络诈骗手段。2018 年，通过移动应用实施网络诈骗的事件尤为突出。例如，大量虚假的“贷款 App”被诈骗分子用于骗取用户的隐私信息和钱财。CNCERT 抽样监测发现，在此类虚假的“贷款 App”上提交姓名、身份证照片、个人资产证明、银行账户、地址等个人隐私信息的用户超过 150 万人，大量受害用户向诈骗分子支付了人均上万元的所谓“担保费”“手续费”，经济利益遭受不小损害。此外，与正版软件具有相似图标或名字的仿冒 App 数量呈上升趋势。2018 年，CNCERT 通过自主监测和投诉举报方式，共捕获新增金融行业移动互联网仿冒 App 样本 838 个，同比增长了近 3.5 倍，创近年新高。这些仿冒 App 通常采用“蹭热度”的方式来传播和诱惑用户下载并安装，可能会造成用户通讯录和短信内容等个人隐私信息泄露，或未经用户允许私自下载恶意软件，造成恶意扣费等危害。

专栏：小额贷款诈骗案例——假冒“XX 金融”实施贷款诈骗

受害用户接到“贷款推广”电话，添加“客服”微信后会收到一个二维码。受害用户扫描二维码后就跳转至一个假冒“XX 金融”App 的下载页面，须填写个人信息以在 App 上进行注册。登录成功后，若要申请“借款”，则须完善各类个人敏感信息。小额贷款诈骗过程操作示意如图 6-1 所示。

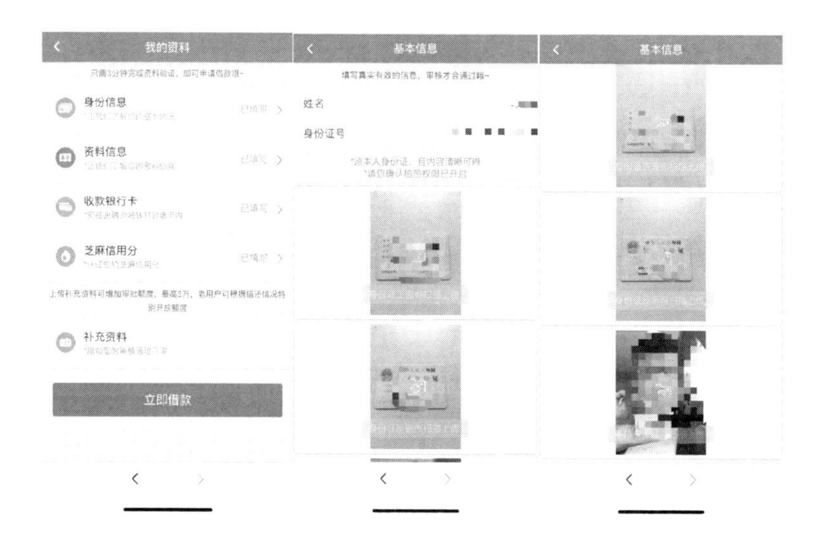

图 6-1　小额贷款诈骗过程操作示意

完善相关信息之后，即可申请“贷款”。申请过一段时间之后，该“App”上的借款订单会显示“订单异常”，声称“银行卡与户名不符打款失败，由于您操作失误，导致打款失败，留下不良记录”。随后受害用户会接到“客服”的电话，要求受害用户通过微信、支付宝等渠道提供贷款金额的 20%作为所谓“保证金”，从而避免影响征信。当然，受害用户缴纳保证金后，最终也是石沉大海，不仅收不到贷款，相关的手续费用和保证金也被骗走。

2. 云平台成为各类网络攻击的重灾区

目前，大量信息系统部署在云平台上，涉及国计民生、企业运营的海量数据和个人信息成为网络攻击的重要目标，而云平台用户对网络安全防护重视不足，又进一步加剧了网络安全风险。2019年，有关机构监测发现，云平台遭受DDoS攻击次数占境内被攻击次数的69.6%，被植入后门链接的数量占境内总数量的63.1%，被篡改网页的数量占境内总数量的62.5%。同时，由于云服务具有便捷性、可靠性、低成本、高带宽和高性能等特点，且云网络流量的复杂性有利于攻击者隐藏真实身份，许多攻击者利用云平台设备作为跳板机或控制端发起网络攻击。据统计，利用云平台对中国境内目标发起的DDoS攻击次数占DDoS攻击总次数的78.8%。

3. 联网智能设备面临恶意攻击的形势日趋严峻

近年来，智能穿戴设备、智能家电、智能交通等产品逐渐普及，但智能设备安全防护能力普遍较弱，存在弱口令、安全配置不当、升级维护机制不健全等问题，安全隐患突出。2018年，在CNVD收录的安全漏洞中，关于联网智能设备的安全漏洞有2 244个，同比增长8%，涉及的设备类型主要包括家用路由器、网络摄像头等。目前，活跃在联网智能设备上的恶意程序包括Ddosf、Dofloo、Gafgyt、MrBlack、Persirai等，这些恶意程序及其变种造成了用户信息和设备数据泄露、硬件设备遭控制和破坏等诸多危害。CNCERT抽样监测发现，2019年上半年，联网智能设备恶意程序控制服务器IP地址约1.9万个，同比上升11.2%；被控联网智能设备IP地址约242万个。其中，位于中国境内的IP地址近90万个，同比下降12.9%；通过控制联网智能设备发起DDoS攻击次数日均2 118起。

6.2.3 重点行业网络安全风险突出

1. 针对高危隐患严重的工业互联网攻击趋势明显

目前，中国 IPv6 和 5G 的规模部署和试用工作逐步推进，将高效地支撑工业互联网快速发展，使国家关键信息基础设施从广度到深度呈立体网格状拓展。同时，网络安全与工业安全风险交织，衍生威胁不断加大。《2019 年上半年我国互联网网络安全态势》报告显示，有关机构监测发现，中国境内暴露的联网工业设备数量共计 6 814 个，包括可编程序逻辑控制器、数据采集监控服务器、串口服务器等 50 种设备类型，涉及西门子、韦益可自控、罗克韦尔等 37 家国内外知名厂商。其中，存在高危漏洞隐患的设备占比约 34%，这些设备的厂商、型号、版本、参数等信息长期遭恶意嗅探，仅在 2019 年上半年嗅探事件就高达 5 151 万起。另外，境内有的大型工业云平台持续遭受漏洞利用、拒绝服务、暴力破解等网络攻击，安全防护压力很大。

2. 互联网金融平台和移动应用安全隐患严重

近年来，互联网金融平台运营者的网络安全意识有所提升，网络安全防护能力有所加强，但仍有部分平台的安全防护能力不足，存在的安全隐患较多。有关机构监测发现，2019 年上半年，互联网金融平台高危漏洞较多，包含 SQL 注入漏洞、远程代码执行漏洞、敏感信息泄露漏洞等。此外，CNCERT 通过对 105 款互联网金融 App 进行检测，发现安全漏洞 505 个。其中，高危漏洞 239 个[1]。在这些高危漏洞中，明文数据传输漏洞数量最多，达到 59 个；其次是网页视图明文存储密码漏洞，达到 58

[1] CNCERT 发布的《2019 年上半年我国互联网网络安全态势》，2019 年 8 月。

个，源代码反编译漏洞有 40 个。这些安全漏洞可能威胁交易授权和数据保护，存在数据泄露风险。其中，部分安全漏洞影响应用程序的文件保护，不能有效地阻止应用程序被逆向或者反编译，潜在的安全风险很大。

3. 医疗卫生行业重要信息系统和数据面临严峻的网络安全挑战

健康卫生行业重要信息系统总体上处于“较大风险”的安全风险级别，存在多种网络安全隐患，防御公共互联网攻击的能力较弱。集中表现如下：

（1）系统存在高危漏洞，“僵木蠕”问题严峻，勒索病毒威胁严重。

（2）大量敏感服务暴露，弱口令问题突出，数据泄露事件高发。

（3）应用组件版本较低，网站被篡改概率较高，非法信息被隐式植入。

有关机构监测发现，2019 年上半年，医疗卫生行业有 709 个医学信息和基因检测等数据管理系统被暴露在公网上，具有高危漏洞隐患的系统占比达 72%，且部分暴露的监控或管理系统存在遭受境外恶意嗅探、网络攻击的情况；此外，中国生物数据出境 142 万余次，涉及中国境内 9 000 余个 IP 地址、658 家单位，主要境外流向为美国，占总出境次数的 33.4%。中国医疗影像数据出境 136 万余次，涉及中国的 1 400 余个 IP 地址，境外流向前三位国家分别是美国、越南和加拿大，占总出境次数的 90.56%。

4. 电力行业关键信息基础设施成为国家级网络攻击目标

近年来，全球因受到网络攻击导致停电的重大事故时有发生，电力系统正在成为国家级网络攻击的重点目标。2019 年上半年，CNCERT 对国内主流电力厂商的产品进行安全摸底测试发现，电力设备供应商在电网企业的引导下，已有一定网络安全意识，但设备整体网络安全水平仍有待提高。截至 2019 年 6 月，在涉及 28 个厂商、70 余个型号的测控装置、保护装置、智能远动机、站控软件、同步相量测量装置、网络安全态势感知采集装置六大类产品中均发现了中、高危漏洞，可能产生的风险包括 DDoS 攻击、远程命令执行、信息泄露等。其中，SISCO MMS[1]协议开发套件漏洞，几乎影响到每一款支持 MMS 协议的电力装置。

6.3 网络安全防护和保障工作扎实推进

中国深入贯彻落实《网络安全法》，着力提升关键信息基础设施安全保护水平，严格落实网络安全等级保护制度，加大数据安全管理和个人信息保护力度，网络安全防护能力和水平不断提升，有力维护了网络安全和人民群众合法权益。

6.3.1 加快推进关键信息基础设施的安全保护工作

关键信息基础设施是网络安全防护的重中之重。中国政府将关键信息基础设施安全保护摆在网络安全的突出位置，加强工作部署，强化责任落实。金融、电力、能源、交通等行业企业作为关键信息基础设施运营者积极承担主体防护责任；有关主管部门履行监管责任，及时排查风险、发现隐患，填补漏洞、强化防护，扎实提升关键信息基础设施的安

[1] 制造报文规范（MMS）协议是 ISO 9506 标准所定义的一套用于工业控制系统的通信协议，目的是为了规范工业领域具有通信能力的智能传感器、智能电子设备、智能控制设备的通信行为，使系统集成变得简单、方便。

全防护水平。2017 年 7 月，《关键信息基础设施安全保护条例（征求意见稿）》面向社会公开征求意见。这部法规的制定将为关键信息基础设施安全保护提供重要法律支撑。为推进网络关键设备安全检测工作，加强网络安全漏洞管理，2019 年 6 月，工业和信息化部会同有关部门分别起草了《网络关键设备安全检测实施办法（征求意见稿）》和《网络安全漏洞管理规定（征求意见稿）》，面向社会公开征求意见。国家互联网应急中心发布了《关键信息基础设施安全保护标准体系框架（草案）》，为关键信息基础设施安全保护落地实施提供标准规范。2018 年，全国信息安全标准化技术委员会组织开展《关键信息基础设施安全检查评估指南》（报批稿）标准应用试点工作，选取重点行业和领域的 12 家典型关键信息基础设施运营单位，对标准内容的合理性和可操作性进行验证，摸索积累依据相关标准开展关键信息基础设施安全检查评估工作的经验做法。

6.3.2　升级完善网络安全等级保护制度

计算机信息系统安全等级保护制度在网络安全保障机制和能力建设的过程中发挥了重要作用。2018 年 6 月，公安部发布了《网络安全等级保护条例（征求意见稿）》，这表明等级保护从原来 1.0 的“信息安全等级保护”升级为 2.0 的“网络安全等级保护”。等级保护 2.0 具有 3 个特点：

（1）等级保护的基本要求、测评要求和设计技术要求在框架上实现统一。

（2）通用安全要求与新型应用安全扩展要求相结合，将云计算、移动互联、物联网、工业控制系统等列入标准规范。

（3）把可信验证列入各级别和各环节的主要功能要求之中。

2019年5月，市场监督管理总局、国家标准化管理委员会正式发布与等级保护2.0相关的《信息安全技术 网络安全等级保护基本要求》《信息安全技术 网络安全等级保护测评要求》《信息安全技术 网络安全等级保护安全设计技术要求》等国家标准，将于2019年12月1日开始实施。与等级保护2.0配套的国家标准《信息安全技术 网络安全等级保护实施指南》也将有望在年内陆续出台并发布。

6.3.3 着力加强数据安全管理和个人信息保护

中国从法规建设、专项行动、技术规范制定等多个方面入手，加强数据安全管理，积极规范个人信息收集使用行为，切实提升数据安全管理和个人信息保护工作水平。

（1）完善法律体系，为数据安全和个人信息保护提供重要法律依据。2019年，国家互联网信息办公室会同相关部门研究起草了《数据安全管理办法（征求意见稿）》《网络安全审查办法（征求意见稿）》《个人信息出境安全评估办法（征求意见稿）》等，并面向社会公开征求意见，力求夯实数据安全管理和个人信息保护法治基础。同年8月，国家互联网信息办公室发布《儿童个人信息网络保护规定》，作为首部针对儿童网络保护的立法，《规定》对收集、存储、使用、转移、披露儿童个人信息的行为进行了严格规范。

（2）加强管理力度，依法依规严厉惩处侵害个人信息安全的行为。2019年，中央网信办、工业和信息化部、公安部、市场监管总局在全国范围组织开展App违法违规收集使用个人信息专项治理，要求App运营者要严格履行《网络安全法》规定的责任义务，依法收集使用个人信息，对获取的个人信息安全负责，采取有效措施加强个人信息保护。专项治理开展以来，通过举报渠道受理了大量网民举报，组织评估机构对其中用户量大的 App 进行评估，并对问题严重的 App 通过发送整改通知、约谈等方式督促其整改。

（3）编制技术规范，为 App 运营者加强个人信息保护提供有效指导。针对当前 App 强制授权、过度索权、超范围收集个人信息等网民反映强烈的问题，由全国信息安全标准化技术委员会、中国消费者协会、中国互联网协会、中国网络空间安全协会成立的 App 违法违规收集使用个人信息专项治理工作组发布《App 违法违规收集使用个人信息自评估指南》，全国信息安全标准化技术委员会发布《网络安全实践指南——移动互联网应用基本业务功能必要信息规范》等，为 App 运营者自查自纠提供了有益参考和指导，进一步规范了网络空间秩序，为建立长效治理机制奠定了基础。

通过开展以上工作，在社会上引起较大反响，对引导 App 运营者做好个人信息保护工作发挥了积极作用。

6.3.4 努力提升云计算服务安全可控水平

云平台安全越来越受到从国家有关部门到云平台用户及管理运营者等各方重视。继 2014 年发布《关于加强党政部门云计算服务网络安全管理的意见》，对党政部门的云计算服务开展网络安全审查后，2019 年 7 月，国家互联网信息办公室、国家发展和改革委员会、工业和信息化部、财政部联合发布了《云计算服务安全评估办法》。该办法从评估主体、责任、流程等多环节探索建立系统评估机制，为提升党政机关和关键信息基础设施运营者采购使用云计算服务的安全可控水平、降低采购使用云计算服务带来的网络安全风险提供了支持。截至 2019 年 8 月，已审查通过 14 家政务云计算服务商。

6.4 网络安全事件处置和专项治理深入开展

中国切实加强对网络安全事件应对处置力度，针对勒索病毒、DDoS 攻击、涉网违法犯罪活动等突出问题，开展各项针对性的专项治理行动，依法严厉打击违法违规行为，持续保持高压态势，切实提升了网络安全防护与治理水平。

6.4.1 持续开展网络安全事件处置

相关部门和机构切实提升网络安全态势感知和应急处置能力，妥善处置了一系列网络安全事件。有研究报告显示，48.5%的部委机关和 56.3%的中央企业已经部署使用了安全运营中心，安全事件的平均响应时间从 3 年前的平均 3 天左右，降低到现在 1 小时以内[1]。2018 年，CNCERT 共成功处置各类网络安全事件 10 万多起，较 2017 年增加 2.1%。其中，网页仿冒事件最多，其次是安全漏洞、恶意程序、网页篡改、网站后门、DDoS 攻击等事件；2019 年上半年，协调处置网络安全事件约 4.9 万件，同比减少 7.7%。CNCERT 通过已建立的 CCTGA[2]、CNVD、ANVA[3]等行

[1] 数据来源：2019 北京互联网安全大会《2019 大中型政企机构网络安全建设发展趋势研究报告》。

[2] 2016 年成立的中国互联网网络安全威胁治理联盟，首批共 90 家企业申请加入联盟。

[3] 2009 年成立的中国反网络病毒联盟，由 CNCERT/CC 联合基础互联网运营企业、网络安全厂商、增值服务提供商、搜索引擎、域名注册机构等单位共同发起。

业联盟，组织基础电信运营商、互联网企业、域名注册管理和服务机构、手机应用商店等，全年先后开展了 14 次公共互联网恶意程序专项打击行动，成功关闭境内外 722 个控制规模较大的僵尸网络，切断黑客对近 389.8 万台感染主机的控制，下架 3 517 个移动互联网恶意 App。

6.4.2　扎实推进网络安全突出问题治理

1. 开展勒索病毒专项治理

2018 年 9 月初，工业和信息化部组织基础电信运营商、网络安全专业机构、互联网企业和网络安全企业等召开恶意程序专项治理工作讨论会，重点对勒索病毒的工作原理、传播渠道、防范与处置措施等进行了研究，并于 9 月底印发了《关于开展勒索病毒专项治理工作的通知》，组织各地通信管理局、电信和互联网行业企业、网络安全专业机构等开展联合监测与协同处置。经过网络安全巡查，发现基础电信运营商的重要系统存在弱口令和高危漏洞等 60 个安全问题。

2. 开展 DDoS 攻击专项治理

自 2018 年以来，CNCERT 重点对“DDoS 攻击是从哪些网络资源上发起的”问题进行分析，并对用于 DDoS 攻击的网络资源开展专项处置工作。经过一年的治理，与 2017 年相比，境内控制端、“肉鸡”等资源的月活跃数量有了较明显的下降趋势。根据外部报告，中国境内僵尸网络控制端数量在全球的排名从前三名降至第十名[1]，DDoS 活跃反射源下

[1] 相关数据来源于卡巴斯基公司发布的发布的《DDoS Attacks in Q4 2018》。

降了 60%[1]。

3. 开展互联网网站安全专项治理

为促使网站运营者提升网络安全意识和防护能力、履行网络安全义务，2019 年 5 月至 12 月，中央网信办、工业和信息化部、公安部、市场监管总局四部门在全国范围内，联合开展互联网网站安全专项整治工作，对未备案或备案信息不准确的网站进行清理，对攻击网站的违法犯罪行为进行严厉打击，对违法违规网站进行处罚和曝光。此次专项整治的一大特点是加大对未履行网络安全义务、发生事件的网站运营者的处罚力度，督促其切实落实安全防护责任，加强网站安全管理和维护。在专项整治过程中，中央网信办加强统筹协调，指导有关部门做好信息共享、协同配合，促使网站运营者网络安全意识和防护能力有效提升，网站安全状况有了明显改善。

6.4.3 依法惩治网络空间违法乱象

自 2018 年公安部部署全国公安机关开展了为期 10 个月的“净网 2018”专项行动，针对黑客攻击破坏活动猖獗、互联网企业不认真履行网络安全管理义务，以及公民个人信息被窃取用于买卖等 8 个问题开展专项治理。各地公安机关按照公安部的总体部署，深入推进打防管控一体化，始终坚持基础工作与专项打击整治相结合，一方面严格落实企业安全主体责任，另一方面坚决打击涉网违法犯罪活动，组织侦破各类网络犯罪案件 5.7 万余项，抓获犯罪嫌疑人 8.3 万余名，行政处罚互联网企

[1] 数据来源：中国电信云堤、绿盟科技联合发布的《2018 DDoS 攻击态势报告》。

业及联网单位 3.4 万余家次，依法清理下架 3.5 万余款具有恶意程序、恶意行为的 App，关停违法网站（栏目）2 万余个，网上贩卖枪支、爆炸物、管制刀具、毒品、公民个人信息等重点违法信息数量同比下降约 30%，专项打击整治工作取得了显著成效。

6.5　网络安全产业与技术稳步发展

强大的网络安全保障能力离不开强大的网络安全产业和技术支撑。中国着力推进网络安全产业发展壮大，网络安全技术创新活跃，一批网络安全企业加快发展，新产品服务不断涌现，产业综合实力稳步增强，网络安全产业规模持续增长。同时，与中国不断增长的信息基础设施、服务应用、数据信息等网络安全保障需求相比，目前产业技术支撑能力尚有不足，产业规模有待进一步扩大。

6.5.1　网络安全产业发展态势总体良好

1. 企业发展态势良好

2018 年，在全球网络安全百强企业名单中，中国共有 17 家企业入围。其中，华为排名最高，位列第 8 位[1]。在营业收入规模方面，总体上呈稳定增长态势。根据上市企业财报数据，国内最具有代表性的 10 家上市网络安全企业在 2018 年的平均营业收入规模为 15.69 亿元，较 2017

[1] 数据来源：上海赛博网络安全产业创新研究院发布的《2018 年全球网络安全产业投融资研究报告》。

年的14.18亿元增长了10.69%。在净利润方面，企业净利润增速总体上放缓，这10家企业在2018年的平均净利润为2.68亿元，较2017年略增长6.67%，但远高于国际-53.14%的增长率。在研发投入方面，企业持续加大研发投入力度，2018年这10家的企业平均研发投入为2.67亿元，较2017年增长了25.2%。

据不完全统计，2018年，中国共有2 898家从事网络安全业务的企业。其中，北京、广东、上海的企业数量最多，分别为975家、366家和288家。2018年，中国新增网络安全企业数量为217家[1]。中国网络安全企业按区域分布前十名排序见表6-1。

表6-1　中国网络安全企业按区域分布前十名排序

序号	区　域	企业数量/个	占　比
1	北京	975	33.64%
2	广东	366	12.63%
3	上海	288	9.94%
4	江苏	167	5.76%
5	四川	139	4.80%
6	山东	137	4.73%
7	浙江	120	4.14%
8	福建	104	3.59%
9	湖北	82	2.83%
10	辽宁	70	2.42%

（数据来源：中国信息通信研究院）

2. 积极推动产品服务“走出去”

近年来，越来越多国内网络安全企业制定了全球发展战略，努力开

[1] 数据来源：中国信息通信研究院网络安全产业开放平台。

拓海外网络安全市场。

（1）海外的营业收入规模实现快速增长。截至 2018 年 12 月，部分企业在海外的营业收入规模较 2017 年增长幅度超过 70%。

（2）积极参加国际网络安全活动。在 2019 年 3 月召开的美国 RSA 信息安全大会上，中国参展机构达到了 36 家，较 2017 年增长了 38%，面向全球安全厂商展示了包括云安全、工控安全、大数据安全、终端安全、身份管理与访问控制等在内的网络安全解决方案。

6.5.2 新兴技术助力网络安全产业发展

1. 5G 网络安全蓄势待发

5G 网络引入了网络功能虚拟化、边缘计算、网络功能开放等全新架构和技术，网络中模糊的设备安全边界、开放的端口、集中的控制器和边缘部署节点等都在不断激发新的安全需求。安全企业大多植根于现有优势领域，探索适应 5G 网络特性、业务特征的安全产品和服务升级；运营商主要聚焦于 5G 网络架构安全解决方案和业务场景安全方案；设备厂商致力于 0 day、1 day 等设备安全漏洞的发现和防范，在开发安全的 5G 设备的同时，与运营商携手打造面向垂直行业的安全解决方案。

2. 人工智能与网络安全加速融合

“人工智能+网络安全”的融合模式已逐渐成为当前中国网络安全企业研究和创新的重点：

（1）利用 AI 进行防御。近年来，除了流量异常检测、恶意软件检测、用户异常行为分析、敏感数据识别等，人工智能在网络安全态势感知、威胁情报挖掘分析等方面得到深入应用。

（2）保障 AI 自身安全。鉴于人工智能的数据样本、模型/算法、实现方式等方面可能产生新的安全威胁，带来数据污染、识别系统混乱、软件漏洞等安全问题，人工智能自身的防御算法和平台框架安全性研究开始被重视。

（3）应对利用 AI 发起的攻击。网络空间攻防对抗成本的非对称效应突出，利用人工智能可以减少攻击代价和有效隐蔽自身，目前人工智能在鱼叉式网络钓鱼和漏洞攻击等领域已被逐步使用，利用 AI 防御 AI 攻击的理念也逐渐被业界接受并开始付诸实践。

3.“零信任”身份管理正在起步

“零信任”作为身份管理领域的新理念，打破了旧的“内部意味着可信”和“外部意味着不可信”的安全思维模式，用与用户本身具有强依赖性的行为、属性、上下文等信息作为依据建立信任，然后按需对不同身份授予区别化和最小化的访问权限，自适应地提供访问所需的适当信任。随着“零信任”网络安全市场的打开，中国网络安全企业开展了相关布局，具体技术聚焦于多因子身份验证、用户实体行为分析、软件定义边界、微隔离等方向。

6.5.3 网络安全产业生态环境不断优化

1. 多措并举促进网络安全产业健康发展

（1）网络安全政策持续利好。2019 年 2 月，中共中央、国务院印发《粤港澳大湾区发展规划纲要》，要求提升粤港澳大湾区的网络安全保障水平，建立健全网络与信息安全信息通报预警机制，加强实时监测、通报预警、应急处置工作，构建网络安全综合防御体系。2019 年 3 月，国资委发布了《中央企业负责人经营业绩考核办法》，将网络安全纳入考核指标。

（2）各领域网络安全标准相继出台。2018 年 12 月，全国信息安全标准化技术委员会归口的 27 项国家标准正式发布，其中涉及数字签名、公民网络电子身份标识、物联网、病毒防治、网络攻击、密码等多项内容。

2. 投融资活动持续活跃

中国网络安全领域投融资活动持续活跃，目前，国内已获得融资网络安全企业达 135 家，参与网络安全领域投资企业达 100 家。2018 年，中国网络安全领域融资交易达 79 笔[1]，较 2017 年增长了 36.21%，融资金额达到 72.1 亿元，较 2017 年增长了 86.79%。其中，2018 年亿级融资达 20 笔，千万级融资为 44 笔，百万级融资为 2 笔，涉及领域主要是数据安全、云安全、工业互联网/物联网安全、移动安全等。

3. 国家级网络安全产业园建设步伐加快

国家级网络安全产业园作为巨大的开放式平台，有利于网络安全产业健全产业链条、形成聚集效应。自 2018 年以来，网络安全产业园区建设扎实推进。

（1）北京国家网络安全产业园进入实质性建设阶段。2019 年 1 月，北京国家网络安全产业园挂牌，该产业园致力于打造国内领先、世界一流的网络安全高端、高新、高价值产业集聚中心，目前共有包括 360 企

---

[1] 数据来源：赛迪顾问，《中国网络安全发展白皮书 2019》。

业安全集团在内的 10 家网络安全企业签约入驻。

（2）天津滨海信息安全产业园一期工程即将竣工。该产业园总投资 45 亿元，其中一期工程于 2019 年 9 月竣工。目前，产业园已汇集了国内信息安全产业 4 个重要联盟、6 家国家和省部级研究中心以及 13 家行业核心企业。

（3）武汉国家网络安全人才与创新基地建设取得阶段性进展。截至 2019 年 8 月，网安基地注册企业 98 家，注册资本 284.15 亿元，签约项目 63 个，协议投资总额 3 514.76 亿元，国内网络安全企业前 20 强全部入驻国家网安基地。一个完整的网络安全产业链正在武汉市形成。

6.5.4 行业组织助推网络安全产业发展

行业组织在促进网络安全产业持续健康发展中发挥着积极的推动作用。

（1）中国网络空间安全协会着力促进网络安全行业自律，积极引导各类企业履行网络安全责任，搭建产业界沟通合作的桥梁，促进产业健康发展。2019 年以来，协会赴国内多家知名网络安全企业、研究机构深入调研，梳理产业发展现状及问题，分析症结，研究对策建议，从能力建设和投资双向结合推动产业发展；由协会牵头建立形成常态化的“网络安全态势会商机制”；并组织开展了面向关键信息基础设施安全保护的支撑工作，包括撰写完成通识性读本，构建线上培训平台，开展试点培训工作；发挥行业组织作用，协助办好网络安全宣传周、世界互联网大会网络安全展区、数字经济博览会、世界 5G 大会等活动；积极为网络安全行业发展营造良好环境。

（2）中国网络安全产业联盟积极开展网络安全相关项目与活动。2019 年，该联盟组织人员召开多次会议，研究《移动 App 安全规范》《网络安全产品、服务提供商规范条件》标准编写工作。2019 年 9 月，该联盟举办优秀网络安全解决方案和创新产品展览活动，在业界产生积极反响，在 2018 年度举办的首次展览活动中，获最具投资价值新产品奖的企业赢得了投资机构共计约 3.3 亿元资金支持，取得了良好的社会效益。此外，该联盟还积极服务企业“走出去”。例如，组织企业参加 RSA 2019、Trustech 2019 和 CYBER TECH 等。

6.6　网络安全工作基础不断夯实

中国扎实推进网络安全各项基础性工作，加快网络安全人才培养步伐，提升网民网络安全意识和防护技能，网络安全工作基础更加巩固。

6.6.1　网络安全人才培养力度不断加大

网络空间的竞争，归根到底是人才的竞争。提升网络安全保障水平，必须有一支高水平的网络安全人才队伍。为加快网络安全人才培养，探索人才培养新思路、新体制、新机制，中央网信办会同教育部组织实施了一流网络安全学院示范项目，西安电子科技大学、东南大学、北京航空航天大学、武汉大学、四川大学、中国科学技术大学、战略支援部队信息工程大学成为首批进入示范项目的高校。在相关部门指导和地方支持下，7 所高校深入推进网络安全学院建设，在扩大招生规模、创新培养模式、加强院企合作、促进“产、学、研、用”等方面取得明显进展。2019

年 9 月，第二批一流网络安全学院建设示范项目入选高校正式发布，这将进一步发挥一流网络安全学院示范带头作用。2019 年 2 月，教育部办公厅印发《2019 年教育信息化和网络安全工作要点》，明确提出要提升网络安全人才支撑和保障能力，编写《网络空间安全研究生核心课程指南》，继续加强网络空间安全、人工智能相关学科建设，加快推进网络安全领域新工科建设，推进产学合作协同育人，引导鼓励有条件的职业院校开设网络安全类专业，继续扩大网络安全相关人才培养规模。充分发挥中国互联网发展基金会网络安全专项基金的作用，做好网络安全优秀教师和学生奖励工作，支持网络安全人才培养。中国通信企业协会连续七年举办行业网络安全技能竞赛，年度参赛选手超过 5 000 人。自 2017 年开始，该协会指导开展网络安全人员能力认证，在网络安全人才建设中发挥了积极的作用。

6.6.2 公民网络安全意识和防护技能持续提升

没有意识到风险是最大的风险。中国政府着力提升公众的网络安全意识，已连续举办六届国家网络安全宣传周。经过六年的培育积累，在全社会营造了网络安全人人有责、人人参与的良好氛围。2019 年 9 月举办的第六届国家网络安全宣传周以“网络安全为人民、网络安全靠人民”为主题，众多来自国内外网络安全领域的企业领军人物、知名专家、学术带头人出席了活动，参会人数比上届大幅增长。其中，“网络安全博览会”聚焦前沿趋势，展示最新成果，注重突出互动性、体验性、知识性和趣味性，推出人工智能、VR（虚拟现实）、AR（增强现实）等一批智慧应用和互动体验场景；2019 国际反病毒大会等论坛围绕网络安全产业标准、数据安全、个人信息保护等焦点问题进行全面探讨；“网络安全走基层”等系列宣传活动，推出了网络安全知识挑战赛，在寓教于乐中提升公众网络安全防护技能。

近年来，通过宣传教育和培训等网络安全基础性工作，网民在网络空间的安全意识明显提升、安全感明显增强。“2018 互联网安全与治理论坛”发布的《2018 年网民网络安全感满意度调查报告》显示[1]，中国网民的网络安全感满意度总体上中等偏上，超过八成的公众网民认为日常使用网络的安全程度在一般以上，其中近四成认为安全和非常安全。中国网民积极支持加强网络安全治理，近九成的公众网民认为加强网络安全治理工作很有必要，其中，62.29%的被访者认为非常必要，24.55%的被访者认为必要。网民参与网络安全治理态度积极认真，大部分网民对网络违法信息采取行动前，会对其真假进行判断；超过四成的网民表示通过搜索相关信息验证真伪，三成多的网民凭借自己的经验判断真假，一成半的网民采取向相关部门或单位求证判断。中国互联网络信息中心（CNNIC）发布的第 44 次《中国互联网络发展统计报告》显示[2]，2019 年上半年，在上网过程中未遭遇过任何网络安全问题的网民比例进一步提升，55.6%的网民表示过去半年在上网过程中未遭遇过网络安全问题，较 2018 年年底提升 6.4 个百分点。“网络安全为人民、网络安全靠人民”的基础日益巩固。

[1] 数据来源：2018 互联网安全与治理论坛发布的《2018 网民网络安全感满意度调查报告》。

[2] CNNIC 中国互联网络信息中心发布的第 44 次《中国互联网络发展状况统计报告》，2019 年 8 月 30 日，见 http://www.cnnic.net.cn/hlwfzyj/hlwxzbg/hlwtjbg/201908/t20190830_70800.htm。

总体来看，中国网络安全各项工作扎实推进，取得了积极成效，国家网络安全保障能力和水平得到切实提升。但伴随各类网络安全风险的相互交织、高度联动，网络安全态势日趋严峻复杂，未来网络安全威胁和风险仍将不断加剧。只有进一步完善网络安全保障体系，加强关键信息基础设施安全防护，加大数据安全管理和个人信息保护力度，积极发展网络安全产业，深入开展网络安全知识技能宣传普及，才能筑牢国家网络安全屏障，切实维护国家网络空间安全和利益。

第 7 章　网络空间法治建设

7.1　概述

互联网发展催生了一系列新型社会关系，也带来了新的社会矛盾和冲突。有害信息扩散、个人隐私泄露、数据非法收集等问题不断涌现，对网络空间治理提出了新的挑战。习近平总书记指出，网络空间不是“法外之地”，要坚持依法治网、依法办网、依法上网，让互联网在法治轨道上健康运行。

一年来，法治在网络空间治理中的基础性作用进一步凸显，网络空间法治建设日益完善：网信领域法律体系进一步完善，《中华人民共和国电子商务法》（以下简称《电子商务法》）正式公布并实施，以《中华人民共和国网络安全法》（以下简称《网络安全法》）为代表的网络安全立法顶层设计基本完成，相关配套法律法规相继出台，《中华人民共和国个人信息保护法》（以下简称《个人信息保护法》）《中华人民共和国数据安全法》（以下简称《数据安全法》）《中华人民共和国密码法》（以下简称《密码法》）等重点立法积极推进，法律框架不断完善。互联网执法力度进一步加大，相关部门持续开展网络设施安全检查，清理整治违法有害信息，依照《网络安全法》《电子商务法》等法律法规重点打击侵犯公民个人信息、传播网络谣言等违法犯罪行为，坚决维护网络秩序。司法网络化、阳光化、智能化改革进一步深化，以互联网法院为代表的专门审判机制逐渐成熟，制度与科技深度融合，互联网案件裁判规则逐步完善，案件处理模式更加高效、便民。互联网普法宣传教育进一步拓展，覆盖面不断扩大，广大群众的网络安全法治意识明显提升。

7.2 互联网立法进程加速，网络空间法律体系日益完善

“法律是治国之重器，良法是善治之前提”。加快推进互联网立法，是落实党的十九大提出的构建网络综合治理体系的重要环节。近年来，中国网络空间法律体系飞速发展，在网络安全维护、网络信息服务以及网络社会管理等方面，取得了丰硕的立法成果。一方面，针对以互联网为基础的电子商务等新应用以及区块链等新技术，《电子商务法》《区块链信息服务管理规定》等互联网专门立法纷纷出台；另一方面，以《网络安全法》为代表的网络安全立法顶层设计基本完成，《中华人民共和国电信条例》《个人信息保护法》《数据安全法》《密码法》等重点立法已经列入十三届全国人大常委会立法规划一类项目，正在加快推进；相关部门正在积极研究制定数据治理、跨境流动等配套法律法规。同时，为应对互联网发展给传统领域带来的新挑战、新问题，《中华人民共和国刑法》《中华人民共和国民法总则》《中华人民共和国反不正当竞争法》（以下简称《反不正当竞争法》）《中华人民共和国广告法》（以下简称《广告法》）等传统立法根据实际需要也进行了及时调整和修订。

7.2.1　完善网络安全配套法规

过去一年，相关部门针对网络安全防护新形势、新挑战、新威胁，进一步完善《网络安全法》配套法律法规。

1. 落实关键信息基础设施、网络产品和服务安全要求

《网络安全法》对关键信息基础设施做出了专门规定，从国家、行业、运营者三个层面，分别规定了各相关方在关键信息基础设施安全保护方面的责任与义务。《关键信息技术设施安全保护条例》列入了《国务院 2019 年立法工作计划》，正在加快推进。2019 年 5 月，国家互联网信息办公室向公众发布了《网络安全审查办法（征求意见稿）》；2019 年 6—7 月，工业和信息化部先后就《网络关键设备安全检测实施办法（征求意见稿）》《网络安全漏洞管理规定（征求意见稿）》公开征求意见，以及对强制性国家标准《网络安全专用产品通用安全技术要求》项目立项，以落实《网络安全法》关于建立网络关键信息基础设施运营者采购网络产品和服务网络安全审查机制，提升关键信息基础设施安全可信水平，加强网络安全管理等要求。

2. 促进云计算服务安全可信水平提升

随着云计算服务的逐步应用和普及，设施、网络的稳定性、可控性面临更高的要求。其中，“政务云”、大型“企业云”承载着大量关于国家、行业、民生的数据，其安全保障成为重中之重。国务院印发的《关于促进云计算创新发展培育信息产业新业态的意见》提出，到 2020 年，云计算要成为中国信息化的重要形态和建设网络强国的重要支撑。2019 年 7 月，国家互联网信息办公室、国家发展和改革委员会、工业和信息化

部以及财政部共同发布了《云计算服务安全评估办法》，进一步提高党政机关、关键信息基础设施运营者采购使用云计算服务的安全可信水平。

3. 加强数据全生命周期安全管理

2019 年 5—6 月，国家互联网信息办公室先后就《数据安全管理办法（征求意见稿）》《个人信息出境安全评估办法（征求意见稿）》公开征求意见，在《网络安全法》的框架下，进一步明确、细化数据在收集、处理、使用及跨境流动等环节中的具体安全规则。同时，地方政府数据安全意识不断增强，积极开展相关地方立法。2018 年 8 月，全国首部大数据安全管理地方性法规——《贵阳市大数据安全管理条例》正式出台，对大数据发展应用中相关主体的安全责任做出明确的划分；2019 年 6 月，《天津市数据安全管理办法（暂行）》开始试行，加强对本地数据安全工作的统筹协调，建立健全本地数据安全保障体系。

7.2.2 规范促进互联网信息服务活动

党的十九大报告提出，要加强互联网内容建设，营造清朗的网络空间。而互联网的即时性、广域性、互动性和虚拟性使信息传播的速度更快、范围更广、内容更多、监管更难，网络内容管理面临新的挑战。

1. 丰富互联网内容治理架构

近年来，以互联网为载体的应用形式逐渐多样、内容日益丰富，主管部门以“全方位治理”为原则，已针对即时通信、搜索引擎、App、网络直播、论坛社区、群组及微博客等新兴信息传播媒介出台专门的内容管理规范。过去一年，有关部门进一步完善互联网信息服务管理框架，对具有舆论属性的信息服务及区块链信息服务进行规范。2018 年 11 月，国家互联网信息办公室联合公安部制定并发布了《具有舆论属性或社会动员能力的互联网信息服务安全评估规定》，督促指导相关信息服务提供者履行法律规定的安全管理义务，防范谣言和虚假信息等违法信息传播带来的危害。2019 年 1 月，国家互联网信息办公室发布了《区块链信息服务管理规定》，明确规定区块链信息服务须进行备案，区块链信息服务提供者应当落实真实身份信息认证、制定和公开管理规则和平台公约等安全义务。

2. 加强互联网金融信息管理

金融信息既可能推动金融产品和市场创新，也可能误导市场、加剧市场波动。近年来，国内金融信息服务业蓬勃发展，其应用形式及内容亟待监管。2019 年 2 月，国家互联网信息办公室制定的《金融信息服务管理规定》正式实施，该规定旨在提高金融信息服务质量，促进金融信息服务健康有序发展。一方面要求金融信息服务领域从业者加强“自律”，落实金融信息内容管理；另一方面明确要求金融信息服务提供者从事互联网新闻信息服务、法定特许或应予以备案的金融业务应当取得相应资质，并接受有关主管部门的监督管理。

7.2.3　持续完善网络社会管理领域的法律法规

过去一年，互联网在保障和改善民生、加强和创新社会治理中的积极作用日益凸显，相关法律法规不断出台。相关立法在集中调整新兴的互联网法律关系的同时，注重保障特定主体权益、完善网络治理法律手段。

1. 规制电子商务领域乱象

互联网的灵活应用产生了新的竞争和盈利模式，需要制定专门立法，以调整这些特殊属性延伸出的新型社会关系，解决给传统社会关系造成的新影响和新问题。近年来，电子商务行业的高速发展催生了新的商业模式，产生了商户、平台、消费者三方参与的新型法律关系，尤其是平台的管理义务以及与商户的责任分配问题广受关注。2019 年 1 月实施的《电子商务法》明确了电商活动各方主体的权利和义务，加强了对消费者权益的保护和对不正当经营、销售行为的限制。

互联网作为现实社会的延伸，许多线下既有问题开始向线上映射，须及时修订现有法律法规对其进行治理。随着电子商务的诞生和发展，网络营销也应运而生，基于互联网的虚拟性等特殊属性，不当的网络营销行为频繁发生、屡禁不止。2018 年 10 月新修订的《广告法》做出要求，规定利用互联网从事广告活动，不得影响用户正常使用网络，同时应当显著标明关闭标志，确保一键关闭。2019 年 4 月，市场监管总局就《网络交易监督管理办法》的修订公开征求意见，提出网络交易经营者根据消费者的个人特征进行“精准营销”时，应当同时以显著方式提供不针对其个人特征的选项，尊重和平等保护消费者的合法权益。

2. 加强对未成年人等特殊主体权益的保护

由于未成年人认知、自控能力尚不成熟，其相较于成年人更易受到互联网的干扰和影响。过去一年，相关部门进一步强化互联网环境下对未成年人权益的保护，完善儿童网络个人信息保护的专门规定，修订制定《中华人民共和国未成年人保护法》《未成年人网络保护条例》。2019 年

8 月，国家互联网信息办公室发布了《儿童个人信息网络保护规定》，明确了儿童专门用户协议设置、内部管理专员负责、儿童监护人同意、加密存储和最小授权访问等儿童个人信息保护要求。

3. 完善网络社会治理手段

网络信用管理使得网络社会治理的手段进一步完善和丰富。《网络安全法》明确规定，对于违法行为依法记入信用档案，并予以公示。2018 年年初，工业和信息化部及民政部分别发文，在电信业务经营管理及社会组织活动管理中引入不良名录和失信名单措施。2019 年 7 月，国家互联网信息办公室就《互联网信息服务严重失信主体信用信息管理办法（征求意见稿）》公开征求意见，拟针对严重失信主体实施信用黑名单管理和失信联合惩戒。2019 年 8 月，国家发展和改革委员会会同有关部门研究起草了《关于加强和规范运输物流行业失信联合惩戒对象名单管理工作的实施意见（征求意见稿）》并对外征求意见，运输物流行业市场主体及其有关人员在快递领域具有侵犯个人信息或其他违规行为的，可能被认定为严重失信并列入“黑名单”。

7.3　互联网执法力度加大，网络空间日益规范有序

法律的生命力在于实施，法律的权威也在于实施。过去一年，互联网执法活动的频率更高、力度更大、覆盖范围更广，在个人信息保护、网络信息内容管理、网络安全保护、网络产品和服务监测等领域重拳频出。国家互联网信息办公室、工业和信息化部、公安部、其他行业主管部门及相应的地方机关执法能力进一步提升，执法举措进一步细化，相

关工作机制逐步健全；通过定期或随机开展监督检查，积极落实立法要求，打击违法犯罪行为，维护市场秩序和用户权益。

7.3.1 持续开展网络安全行动

相关主管部门坚持以查促建、以查促管、以查促防、以查促改，加强网络安全检查，认清风险现状，排查漏洞隐患，通报检查结果，督促整改问题，全面提升网络安全管理及保障水平。

1. 网络和设施安全方面

保障网络及设施的稳定可靠运行，需要防范对网络的攻击、侵入、干扰、破坏、非法使用及意外事故。首次全国范围的关键信息基础设施网络安全检查于2019年4月启动，检查旨在厘清可能影响关键业务运转的信息系统和工业控制系统、掌握中国关键信息基础设施的安全状况，为构建关键信息基础设施安全保障体系提供基础数据和参考。2019年6月，工业和信息化部开展电信和互联网行业网络安全行政检查工作，以防攻击、防入侵、防篡改、防窃密为重点，深入查找网络安全风险隐患并强化整改，落实基础电信运营商、域名注册管理和服务机构、互联网服务提供者的主体责任，加强网络安全防护能力建设，着力防范重大网络安全风险，保证电信网和公共互联网持续稳定运行和数据安全。

2. 信息和数据安全方面

保证信息和数据的完整性、保密性和可用性，不仅包括网络信息的存储安全，还涉及信息的产生、传输和使用过程中的安全。2019年7月，工业和信息化部印发了《电信和互联网行业提升网络数据安全保护能力专项行动方案》，针对全部基础电信运营商、50 家重点互联网企业及 200 款主流移动应用程序（以下简称 App）开展数据安全检查，督促企业进一步完善网络数据安全制度标准，开展数据安全评估，强化数据安全保护管理制度和流程，推动数据安全能力的建设、监督和宣传，提升网络数据安全保护能力。

7.3.2　清理整治网络违法有害信息

淫秽色情、暴力恐怖等违法有害信息是网络空间的“毒瘤”，它不仅污染网络生态，破坏信息传播秩序，而且严重危害青少年身心健康，广大人民群众对此深恶痛绝。过去一年，国家互联网信息办公室、工业和信息化部、公安部等相关部门加大执法力度，集中整治网络违法有害信息，引导企业加强自律并落实主体责任，专项整治活动保持持续高压。

1. 清理低俗有害信息

2019 年上半年，国家互联网信息办公室开展网络生态治理专项行动，对各类网站、移动客户端、论坛贴吧、即时通信工具、直播平台等重点环节中的淫秽色情、低俗庸俗、暴力血腥、恐怖惊悚、赌博诈骗、网络谣言、封建迷信、谩骂恶搞、威胁恐吓、标题党、仇恨煽动、传播不良生活方式和不良流行文化 12 类负面有害信息进行整治。截至 2019 年 6 月 12 日，累计清理淫秽色情、赌博诈骗等有害信息 1.1 亿余条，注销各类平台中传播色情低俗、虚假谣言等信息的违法违规账号 118 万余个，关闭、取消备案网站 4 644 家。从 2019 年 3 月起，全国“扫黄打非”办公室组织开展“净网 2019”“护苗 2019”“秋风 2019”等专项行动，持续净化社会文化环境。

2. 整治“网络水军”及网络暴力

2018 年年初，公安部组织开展了侦查打击“网络水军”违法犯罪专项行动，严打各类打着“舆论监督”“法制监督”“社会监督”等旗号在网上从事违法犯罪活动的“网络水军”团伙。据统计，2018 年，该项行动成功侦破了 50 余起“网络水军”违法犯罪案件，抓获犯罪嫌疑人 200 余名，关闭涉案网站 2 万余家，关闭各类网络大 V 账号 1 000 余个。此外，各地互联网信息办公室、公安机关也联手针对部分互联网信息发布平台用户发布谣言侮辱诽谤他人，侵犯他人名誉、隐私等合法权益的问题，及时开展调查并做出处罚决定。

3. 治理“网络敲诈和有偿删帖”

2019 年上半年，国家互联网信息办公室对“网络敲诈和有偿删帖”开展专项整治工作，共关闭违法违规网站近 300 家，关闭违法违规社交网络账号超 115 万个，清理删除相关违法和不良信息 900 余万条，约谈网站 136 家，清理关停近 50 个中央新闻网站的地方频道和专业频道。此外，工业和信息化部处置涉网络敲诈和有偿删帖的违法违规网站 80 家，国家新闻出版广电总局在专项整治期间查处涉“三假”（假媒体、假记者站、假记者）案件近 100 件。

7.3.3 加大网络社会管理执法力度

一年来，相关部门加强信息共享，密切协作配合，多次开展联合执法，对相关“高危领域”进行重点打击，逐渐形成长效监管机制。

1. 打击个人信息非法买卖

国家及地方网信、公安、工信及其他主管部门纷纷开展行动，打击数据违法行为。以地方执法为例，2018 年广东公安开展的“净网安网”专项行动中，侦破网络犯罪案件 5 000 余件，抓获犯罪嫌疑人 2.1 万余名，缴获公民个人信息 7.3 亿余条。2018 年 7 月，山东破获一起特大侵犯公民个人信息案，共抓获犯罪嫌疑人 57 名，打掉涉案公司 11 家，查获被非法利用的公民个人信息数据 4 000 GB，多达数百亿条，涉案企业日均传输公民个人信息 1.3 亿余条。

2. 开展用户隐私条款测评

近年来，App 的大量开发和应用给人们带来了诸多便利，但同时也成为过度收集用户信息、侵犯用户隐私的“重灾区”。2018 年 8—10 月，中国消费者协会开展了 App 个人信息保护情况测评活动并发布报告，对文本雷同、霸王条款、格式条款以及概括授权等风险点提出警示。2019 年年初，中央网信办、工业和信息化部、公安部、市场监管总局联合发布了《关于开展 App 违法违规收集使用个人信息专项治理的公告》，在全国范围内组织开展 App 违法违规收集使用个人信息专项治理，针对部分 “头部”App 进行评测，并于 7 月公告评审结果，督促部分违规企业及时整改。

3. 整治网络市场秩序

伴着电子商务的迅猛发展，一系列利用网络进行价格欺诈、刷单炒信、违规促销、违法搭售的违法经营行为层出不穷。2019 年 6 月，市场监管总局、国家发展和改革委员会、工业和信息化部、公安部、商务部、海关总署、国家互联网信息办公室和邮政局联合发布通知，开展 2019 年度网络市场监管专项行动，以《电子商务法》《反不正当竞争法》等相关法律法规为依据，重点规范电子商务主体登记备案，严厉打击网上销售假冒伪劣产品、不安全食品及假药劣药等市场突出问题，强化网络交易信息监测和产品质量抽查、落实电子商务经营者责任，严查电商平台“二选一”等不当行为。

4. 治理违法互联网广告

2019 年年初，市场监管总局组织开展本年度互联网广告专项整治工作，各地工商和市场监管部门积极部署开展工作，集中力量查办大案要案，联席会议成员单位开展联合约谈、检查，会同整治虚假违法互联网广告。据统计，2018 年，全国市场监管部门共查处违法互联网广告案件 23 102 件，占广告案件总数的 55.9%。

5. 打击网络产品及游戏盗版行为

网络版权保护对于互联网创意创新产业发展至关重要。近年来，中国网络版权保护力度不断加大，每年开展“剑网专项行动”。2019 年 4 月，版权局与国家互联网信息办公室、工业和信息化部、公安部联合启动“剑网 2019”行动，对企业和群众反映强烈的网络侵权问题进行专项治理。据统计，2013—2018 年，全国各级版权执法部门共查处包括网络案件在内的各类侵权盗版案件 22 568 件，依法关闭侵权盗版网站 3 908 个。

7.4 互联网司法更加活跃，审判机制逐步强化

面对互联网新技术、新产业变革带来的新特点、新规律、新需求，司法模式急需创新。近年来，网络司法、智慧法院等司法网络化、阳光

化、智能化改革，从中国司法改革中的一项管理性措施逐渐演变成司法改革的重要方向。互联网法院在过去的一年取得了较好的改革和示范效果。作为集中管辖互联网案件的基层人民法院，互联网法院主要实行“网上案件网上审理”的新型审理机制，在案件审理、平台建设、诉讼规则、技术运用、网络治理等方面，探索形成了可复制可推广的经验，促进了诉讼质效提升，让人民群众更好地感受到司法的公正、便捷和高效。

7.4.1 互联网法院建设取得明显成绩

互联网法院成立两年来，审判机制逐渐完善，审判效率稳步提升。截至 2019 年 6 月 30 日，杭州互联网法院、北京互联网法院、广州互联网法院共受理互联网案件 72 829 件，审结 47 073 件，在线立案申请率为 94.72%，全流程在线审结 35 267 件；在线庭审平均用时 45 分钟，比传统审理模式节约时间约 60%；案件平均审理周期约 38 天，比传统审理模式节约时间约 50%；一审服判息诉率达 98%，审判质量、效率和效果呈现良好态势。

在提升审判效率方面，互联网法院坚持非诉纠纷解决机制优先，依托在线流程全贯通、解决纠纷业务全覆盖、线上线下全融合的多元化纠纷解决平台，推动纠纷“一站式”多元化解，为当事人精准匹配解决纠纷力量及方案。例如，杭州互联网法院推动淘宝等电商平台建立投诉纠纷前置解决机制，充分发挥平台自我解决纠纷功能，促进纠纷源头化解。广州互联网法院多元解决纠纷平台汇聚粤港澳大湾区 25 个调解机构、284 位调解员。其中，港澳专业调解员 20 余名，有效化解涉港澳的纠纷。

7.4.2 促进制度与科技深度融合

互联网法院积极回应新时代人民群众司法需求，充分发挥政策优势和技术优势，大力建设普惠均等、便捷高效、智能精准的在线诉讼服务体系。依托互联网诉讼平台和“移动微法院”小程序，提供“一站式”在线诉讼服务，实行案件“全流程”在线审理。当事人足不出户即可参与全部诉讼活动，实现打官司“一次也不用跑”。目前，北京互联网法院已经实现当事人100%在线提交立案申请，90.29%在线缴纳诉讼费用，裁判文书电子送达率为96.82%。

此外，互联网法院还积极探索“区块链+司法”模式，以大数据、云存储和区块链技术为基础，对外搭建司法大数据平台，实现数据共享互通、研判诉讼趋势、服务社会治理等功能；对内扩大区块链在审判执行中的应用，破解诉讼中的存证难、取证难、认证难等问题。2018 年 9 月，最高人民法院印发了《最高人民法院关于互联网法院审理案件若干问题的规定》，确认了区块链存证在互联网案件举证中的法律效力。2018 年 9 月，杭州互联网法院司法区块链正式上线运行，成为全国首家应用区块链技术定分止争的法院。2018 年 12 月，北京互联网法院正式发布了司法区块链“天平链”，实现了电子数据的全流程记录、全链路可信、全节点见证。2019 年 3 月，广州互联网法院上线了“网通法链”电子证据系统，以区块链底层技术为基础，构建起包含“网通法链、可信电子证据平台、司法信用共治平台——一链两平台”在内的智慧信用生态体系。该系统试运行一周内，存证数量就超过 26 万条。

7.4.3　探索互联网案件裁判规则

过去一年，互联网法院审理了一批具有广泛社会影响和规则示范意义的案件，进一步依法界定网络空间权利边界、行为规范和治理规则。

（1）清晰界定网络平台责任。例如，杭州互联网法院审理的“微信小程序侵权案”，明确了微信小程序仅提供架构与接入基础服务，不适用“通知删除”规则，保障互联网新业态健康发展。

（2）有力保护网络知识产权。例如，北京互联网法院审理的“人工智能著作权案”，确定了计算机软件智能生成内容的保护方式。

（3）坚决打击网络侵权行为。例如，杭州互联网法院认定“芝麻信用”对个人征信数据的商业使用行为侵犯隐私权，明确了滥用个人征信数据的法律责任。

（4）依法规范网络新兴产业的发展。严厉打击网络刷单炒作信用、身份盗用等网络灰色、黑色产业，探索了区块链、比特币、大数据等新兴产业的权属认定和竞争保护规则。此外，杭州互联网法院审理的“‘小猪佩奇’著作权侵权跨国纠纷案”获得境外当事人的高度认可，使裁判示范效应向国际延伸，中国互联网司法的国际影响力进一步提升。

7.5　互联网普法深入推进，全社会网络法治意识明显增强

法律的权威源自人民的内心拥护和真诚信仰。推进网络空间法治化

必须不断加大法律的宣传普及，让全体网民真正成为社会主义法治的忠实崇尚者、自觉遵守者、坚定捍卫者。过去一年，有关部门不断加强互联网普法宣传教育，扩大法治宣传教育覆盖面，切实引导广大群众提升网络法治意识，为推动网络安全和信息化持续健康发展、实现网络强国战略目标凝聚了广泛共识。

7.5.1 积极开展网信普法工作

1. 推进全国网信系统普法工作

为落实中央“七五”普法规划和“谁执法谁普法”普法责任制要求，国家互联网信息办公室近年来持续开展全国网信普法系列活动，提升网信系统机关工作人员和网信企业员工的法律素养及专业素质，弘扬法治观念，树立法治意识，在全国范围内掀起学习宣传网信法律法规的热潮。2018 年 10—12 月，国家互联网信息办公室会同全国普法办（司法部）举办“全国网信普法进机关、进企业”活动，通过网信普法大课堂、网信领域企业参观、网信知识竞赛、网信普法宣传作品大赛等线上线下互动形式，吸引了 8 000 多名网信系统机关工作人员和网信企业员工直接参与，覆盖 300 多万网民。

2. 举办国家网络安全宣传周法治日主题活动

2019 年 9 月 19 日，国家网络安全宣传周法治日主题活动在全国统一举行，全国各地举行了丰富多彩、形式多样的普法活动。相关部门通过设置宣传展板、张贴宣传海报、悬挂宣传标语、发放宣传教育资料、现场咨询解答及吸引广大群众关注相关公众账号等形式，向公众宣传网络安全法律法规，揭露网络违法犯罪伎俩，传授防范个人信息泄露方法，鼓励群众积极参与网络违法举报，取得了良好的社会反响。

7.5.2 创新普法教育活动形式

各地积极开展形式多样的普法活动，引导广大网民树立正确的价值观、规范网络行为，为全面推进网络空间法治化、营造清朗的网络空间创造良好氛围。

1. 深入基层开展普法宣传工作

网信普法着眼于满足基层群众的法治需求，坚持面向群众、深入基层开展宣传。2019年8月，天津市委网信办的部门举办“我学大数据”百场系列讲座活动，邀请来自高校、科研院所、大数据企业的专家学者和行业代表组成讲师团，深入全市各级党政机关、企事业单位、学校、社区、乡镇开展专题讲座，扎实推进国家大数据发展战略，做好《天津市促进大数据发展应用条例》宣传普及与政策解读。

2. 重点做好未成年人的普法教育

未成年人是“网络原住民”，网信普法坚持从未成年人抓起，引导未成年人从小掌握法律知识、树立法治意识、养成守法习惯。2019年，河北省委网信办联合相关部门举办“河北省网信普法进校园活动6•1特别节目——网络清朗、伴我成长，一堂有趣的网络普法课”。该节目在河北交通广播黄金时段直播，并通过新媒体终端向社会传播，以儿童喜闻乐见的动画片、歌谣、警示案例和线下主题快闪活动等丰富多彩的形式，宣传普及互联网法律法规，引导儿童“依法上网、依法用网”。河北省委网信办同步发布招募信息，为成立河北省未成年人网络普法公益组织“网络守护妈妈团”招募热心家长。

3. 开展知识竞赛助力提升网络素养

网信普法贴近受众心理，创新方式方法，充分运用知识竞赛等鲜活形式提高普法的针对性和有效性。新疆维吾尔自治区党委、网信办等部门联合举办2019年自治区网络素养教育、消防安全、交通安全知识进校园活动。自2019年4月以来，在全区各地、州、市举行了近百场线下知识讲座，约有45万人次参与网络知识竞赛，平均成绩为92.56分，及格率达90%。此外，活动还开展了安全主题大课堂，根据小学生年龄段的特性，通过制作形象生动的课件、动画视频等形式，用通俗易懂的语言与他们展开一问一答，讲解互动。

面对日益复杂的国际形势，需要加快网络空间法治建设，维护国家网络主权和利益。面对新技术新应用快速发展带来的风险和挑战，需要加快网络空间法治建设，进一步明确相关主体权责，规范网络行为、鼓励健康发展。只有密织法律之网、强化法治之力，坚持在法治轨道上统筹社会力量、平衡社会利益、调节社会关系、规范社会行为，网络空间才能真正生机勃勃、井然有序。

第 8 章　网络空间国际治理和交流合作

8.1　概述

当前，以信息通信技术为代表的新一轮科技和产业革命对网络空间治理提出新的需求和挑战，单边主义和保护主义蔓延，网络空间国际治理进入深水区。完善网络空间治理机制、推动形成各方普遍接受的网络空间国际规则、推进全球网络空间治理体系变革日益成为国际社会共同关注的重要命题。

自 1994 年全功能接入国际互联网以来，中国互联网发展迅猛，取得了举世瞩目的成就，成为举足轻重的互联网大国。近年来，中国积极参与网络空间国际治理。习近平主席提出的推进全球互联网治理体系变革的“四项原则”和构建网络空间命运共同体的“五点主张”，为推动建立更加公正合理的全球互联网治理体系贡献了中国方案、中国智慧，在国际实践中日益深入人心，越来越成为国际社会的广泛共识。中国政府深入落实习近平主席提出的国际治网理念，积极开展多元化、多层次的网络空间国际合作，大力推进 21 世纪数字丝绸之路建设，加强双边、多边和区域对话交流，网络空间国际话语权和影响力进一步提升。

8.2 中国网络空间国际治理面临的形势

8.2.1 网络空间国际环境不确定因素增多

当前，网络空间国际环境深刻变化，网络空间国际治理进入重要转型期。人工智能、5G、物联网、区块链、量子计算等新技术新应用不断涌现，对治理格局产生重要影响；国际治理主导原则和模式分歧仍然存在，难以形成共同推动网络空间国际规则制定进程的合力；新兴经济体和发展中国家数字经济加快发展、数字能力跃升、国际话语权和影响力逐步增强，传统互联网大国政府部门在网络空间治理中的作用进一步凸显，对数字世界的传统秩序产生新的冲击。地缘政治冲突蔓延至网络空间，大国综合国力竞争日趋激烈，《联合国宪章》的主权平等、和平解决、不干涉内政等国际法基本原则在网络空间尚未得到有效落实。现有国际治理机制难以适应快速变化的互联网发展和国际治理形势，网络空间的脆弱性和不确定性进一步显现。如何推动全球互联网治理体系变革的进程，确保网络空间的和平利用和国际关系的和谐互动，夯实网络空间互信、公平、共享的秩序基础，实现网络空间可持续发展，成为包括中国在内的世界各国共同面对的重要问题。

8.2.2 中国在网络空间国际治理中机遇与挑战并存

近年来，中国把握新一轮科技和产业革命的历史机遇，注重培育互联网创新应用环境，大力建设互联网、发展互联网、治理互联网，取得举世瞩目的成就。中国积极参与网络空间国际治理，务实推进国际合作，致力于实现各方互利共赢、共同发展，逐步从互联网发展的参与者、受益者成长为互联网国际治理的建设者、贡献者，不断推动网络空间国际治理朝着更加公正合理的方向变革。

同时，中国在网络空间国际治理进程中也面临诸多挑战：国际治理形势更加严峻复杂，网络空间大国博弈色彩浓厚，一些国家甚至将信息技术和产品服务作为打击和遏制他国的重要手段，加剧了网络空间对抗性威胁和碎片化问题。在此环境下，中国参与全球互联网治理面临的不稳定、不确定因素显著增加。新技术新应用快速迭代，不断产生新的治理议题和治理需求，对中国的治理能力提出新挑战。因此，更好地发挥负责任网络大国作用、提升话语权和影响力，与其他国家共建互信共治的数字世界，是中国深度参与网络空间国际治理的重要使命。

8.3　中国积极参与和推动网络空间国际治理进程

国际社会对网络空间治理高度关切，现有国际治理机制局限性日益突出，网络空间国际治理体系变革亟须凝聚共识。中国顺应时代需求，提出国际网络空间治理应该坚持多边参与、多方参与，发挥政府、国际组织、互联网企业、技术社群、民间机构、公民个人等各种主体的作用；既要推动联合国框架内的网络治理，也要更好地发挥各类非国家行为体的积极作用。2018 年 11 月，习近平主席在致第五届世界互联网大会的贺信中强调，世界各国虽然国情不同、互联网发展阶段不同、面临的现实挑战不同，但推动数字经济发展的愿望相同、应对网络安全挑战的利益相同、加强网络空间治理的需求相同。各国应该深化务实合作，以共进为动力、以共赢为目标，走出一条互信共治之路，让网络空间命运共同体更具生机活力。一年来，中国积极推进全球互联网治理体系变革，与国际社会共同推动全球网络空间的和平、安全、开放和有序发展。

8.3.1 深度参与网络空间国际治理重要平台活动

中国始终倡导联合国在制定网络空间国际规则中发挥主渠道作用，与区域性国际组织共同开展网络规则协商对话，鼓励科技企业、技术社群、社会组织和研究机构为技术创新的标准和规范建设贡献力量，与各国携手构建多边、民主、透明的全球互联网治理体系。

1. 联合国互联网治理论坛

中国深度参与第十三届联合国互联网治理论坛（IGF），与来自全球政界、商界、学界及非政府组织的 3 000 名代表围绕网络信任和安全、数据隐私、人工智能等展开多场专题讨论。中国国家互联网信息办公室、中国科学技术协会等单位在论坛上举办了“技术创新与全球互联网治理规则演进”等多场活动，就中国互联网政策、全球互联网治理规则演进等议题展开深度交流，利用 IGF 平台加强与相关组织的对话合作，充分传递中国声音、宣介中国理念，取得积极成效。

2. 信息社会世界峰会

2019 年 4 月，信息社会世界峰会（WSIS）在瑞士日内瓦举行，这是联合国举办的世界信息通信技术领域规模最大的年度峰会。中国信息通信企业、研究机构积极参与 WSIS 论坛相关活动，推荐的 26 个项目全部获得 WSIS 项目评奖提名。其中，中国联通的“基于量子通信干线的信息加密防泄露防篡改网络系统”项目荣获 WSIS 最高奖项，中国移动、中邮建技术有限公司、华为等单位推荐的项目荣获优胜奖。相关企业和研究机构在该峰会上举办 5G、人工智能、数字经济、网络安全、信息无障碍等领域的主题研讨会，介绍了中国在相关领域的成功实践和解决方案，获得与会各方的广泛关注。

3. 国际电信联盟

中国与国际电信联盟（ITU）密切合作，利用多边平台推动信息通信领域项目合作，提高国际影响力。2019 年 4 月，中国进出口银行与 ITU 签署关于加强“一带一路”倡议项下数字领域合作、以促进 2030 年可持续发展议程的谅解备忘录，强化双方合作，推动项目实施、拓展信息通信技术在发展中国家的运用。2019 年 7 月，在 ITU 的第 5 研究组国际移动通信工作组第 32 次会议上，中国代表团提交了 5G 无线空口技术方案，积极推动 ITU 5G 技术方案出台。

4. 互联网名称与数字地址分配机构

中国积极参与互联网名称与数字地址分配机构（ICANN）相关工作，在国际化邮件项目组、根服务器系统咨询委员会、根区中文字表生成小组等诸多领域有不同程度的参与和贡献。这对推动 ICANN 公开性和透明度进程、促进国际互联网基础资源公平分配具有重要且积极的作用。

5. 国际事件响应和安全组织论坛

自 1990 年成立以来，国际事件响应和安全组织论坛（FIRST）通过一系列技术开发、标准制定和培训教育等工作提升全球网络安全事件响应能力。2018 年 10 月，国家互联网应急中心和 FIRST 在上海联合主办亚太区域大会，推动亚太区域各方进一步加强协调联系、提升信任、加强合作、共享信息。

8.3.2 搭建以我为主的网络空间国际治理平台

1. 持续推进“乌镇进程”

世界互联网大会（乌镇峰会）作为中国倡导并举办的全球互联网年度盛会，成功搭建了中国与世界互联互通的国际平台、国际互联网共享共治的中国平台，推动世界各国在网络空间的联系更加紧密、交流更加频繁、合作更加深入。经过 5 年的培育发展，世界互联网大会在全球互联网领域的综合影响持续扩大、品牌效应不断提升、引领作用愈发凸显。六年来，在世界互联网大会的倡导和推动下，国际社会在网络空间的对话、协商、合作更加深入，全球网络基础设施建设步伐加快，多层次数字经济合作深入开展，网络安全保障能力不断提升，网上文化交流共享日益密切，全球网络空间治理进程正朝着更加公正合理的方向发展。2018 年 11 月，第五届世界互联网大会以“创造互信共治的数字世界——携手共建网络空间命运共同体”为主题，在思想交流、理论创新、技术展示、经贸合作等方面取得了一系列丰硕成果。大会高级别专家咨询委员会成功换届并发布大会年度成果文件《乌镇展望 2018》，从互联网发展与创新、网络文化、数字经济、网络安全和互联网治理 5 方面对全球互联网发展治理的情况进行总结和展望，持续有力地推动“乌镇进程”。

2. 对接“一带一路”建设

“一带一路”倡议是中国开展网络空间国际合作的重要平台。近年来，

“互联网+”的新模式为“一带一路”建设的快速推进及相关国家的经济增长提供了新动能。中国秉承“开放创新、包容普惠”的宗旨，大力推进数字丝绸之路建设合作。在 2019 年 4 月召开的第二届“一带一路”国际合作高峰论坛期间举办的“数字丝绸之路”分论坛上，与会代表围绕坚持创新驱动发展，推进数字经济、人工智能、智慧城市建设等领域深入合作展开讨论。各国代表一致表示，应在“一带一路”框架内采取务实的行动，促进数字经济和实体经济融合发展，加快新旧发展动能持续转换，打造新产业、新业态；应共同推进信息基础设施建设，提升网络互联互通水平，促进技术合作，深化开放共享。

目前，中国已与“一带一路”沿线的 17 个国家建立双边电商合作机制，共同建设跨境电商大平台；与 16 个国家签署数字丝绸之路建设合作协议，联合 7 个国家共同发起《“一带一路”数字经济国际合作倡议》；与沿线国家已建成超过 30 条跨境陆地光缆、10 余条国际海底光缆，在 50 多个国家探索远程医疗合作，与 40 多个国家的相关企业合作开发移动支付等新应用。

3. 建设互联网新兴技术，创新国际交流平台

中国高度重视互联网新兴技术及数字经济领域的技术发展和创新应用，积极主动联合各方力量搭建开放、融合、共享、共赢的国际交流平台，推动科技界和企业界的协同创新。特别是在人工智能、工业互联网、虚拟现实（VR）等前沿技术领域，先后举办了诸如中国国际软件博览会、世界机器人大会、国际智能产业博览会、世界人工智能大会、世界工业互联网大会、世界智能网联汽车大会、世界 VR 产业大会等多项国际大型会议和活动。在彰显中国创新能力的同时，也展示出中国愿以更开放的姿态与国际社会共享互联网的创新成果。

8.3.3 积极推进区域多边合作

1. 倡导二十国集团承担数字治理责任

当前，世界经济增长动力不足，数字鸿沟有待弥合，和平赤字、发展赤字、治理赤字等挑战仍然严峻。随着数字经济的快速发展，数据治理等问题成为二十国集团高度关注的重要议题。2019 年 6 月，在日本召开的二十国集团领导人第十四次峰会上，中国国家主席习近平强调，二十国集团要坚持改革创新，挖掘增长动力；坚持与时俱进，完善全球治理。在数字经济特别会议上，习近平主席指出，二十国集团要共同完善数据治理规则，确保数据的安全有序利用；要促进数字经济和实体经济融合发展，加强数字基础设施建设，促进互联互通；要提升数字经济包容性，弥合数字鸿沟。作为数字经济大国，中国愿积极参与国际合作，保持市场开放，实现互利共赢。这些主张得到与会代表的广泛认同和积极响应。

2. 推动亚太数字经济包容发展

作为亚太地区层级最高、领域最广、影响力最大的经济合作机制，亚太经合组织（APEC）近年来高度重视数字经济发展相关议题。中国是亚太合作的积极倡导者和坚定践行者，作为数字经济发展大国，为亚太数字经济的快速发展贡献了大量创新应用和成果。2014 年，APEC 北京会议发布了《经济创新发展、改革与增长共识》，通过《促进互联网经济合作倡议》，首次将互联网经济引入 APEC 合作框架。2018 年 11 月，APEC 莫尔兹比港会议以“把握包容性机遇，拥抱数字化未来”为主题，就数字经济、包容发展展开讨论。在领导人非正式会议上，习近平主席提出同亚太各方深化数字经济合作，培育更多利益契合点和经济增长点，让处于不同发展阶段的成员共享数字经济发展成果。当前，亚太区域仍有35%的经济体数字环境和技术水平较差，面临数字基础设施欠缺、互联网覆盖率低、网络资费昂贵、人才供应不足等困难。中国企业深入参与亚太地区国家数字基础设施建设，为当地用户提供电子商务和金融科技服务，帮助当地中小企业搭上数字经济发展的快车。

3. 深化金砖国家数字化合作

作为以新兴市场国家和发展中国家为代表的重要多边合作机制，金砖国家通过完善制度、凝聚共识、统筹协调，在加强未来网络研究、促进数字化转型、深化信息通信实务合作等议题上达成广泛一致，在推动全球互联网治理体系变革中发挥越来越重要的作用。中国高度重视在金砖国家框架下开展网络合作，积极加强在科技创新等领域的合作，深化金砖伙伴关系。2019 年 6 月，习近平主席在金砖国家领导人会晤时强调，金砖国家要深度参与全球创新合作，共同倡导互利共赢，营造开放、公平、非歧视性的有利环境，让包括新兴市场国家和发展中国家在内的各个国家及其企业参与科技创新并从中受益，并应加强在数字经济等领域合作，更好地抵御外部风险。会议发布《金砖国家领导人大阪会晤联合新闻公报》，强调贸易和数字经济互动的重要性，呼吁让发展中国家更深入参与全球价值链，推动金砖国家数字化转型。2019 年 8 月，第五届金砖国家通信部长会议在巴西召开，中国围绕推动金砖国家数字化转型等议题提出加强沟通对接、深化开放合作、优化市场环境等倡议。同时，金砖国家未来网络研究院中国分院在深圳成立，将有助于进一步推进金砖国家在信息通信领域的合作。

4. 推动上海合作组织加强网络空间合作

中国高度重视并全面参与上海合作组织框架下的网络空间区域治理，积极推动地区和全球网络空间的和平稳定、发展繁荣。2019年6月，在上海合作组织成员国元首理事会第十九次会议上，习近平主席发表重要讲话，提出在网络空间要坚持创新驱动发展，在数字经济、电子商务、人工智能、大数据等领域培育合作增长，为推动上海合作组织在网络空间进一步开放合作积极贡献中国智慧。与会元首共同签署并发表了《比什凯克宣言》，在网络空间领域增强互信、积极合作、提升治理能力等方面达成共识。中国及其他成员国表示将打击利用信息和通信技术破坏上海合作组织国家政治、经济、社会安全，以及通过互联网传播恐怖主义、分裂主义和极端主义思想，反对以任何借口采取歧视性做法，阻碍数字经济和通信技术发展。各成员国认为，应制定各方可接受的信息空间负责任国家行为规则、原则和规范，积极开展合作，保障上海合作组织地区的信息安全，并呼吁所有联合国会员国进一步推动制定信息空间负责任国家行为规则。

8.4 积极开展网络空间交流合作

8.4.1 妥善处理中美网络关系

中美关系是现实空间和网络空间最重要的双边关系之一，对网络空间国际治理有着举足轻重的影响。一段时间以来，美国片面强调“美国优先”，奉行单边主义和经济霸权主义，抛弃相互尊重、平等协商等国际交往基本准则，四面出击挑起国际贸易摩擦，滥用“国家安全”概念推行贸易保护措施，不断扩充“长臂管辖”的范围，涵盖了网络安全等众多领域。伴随着美国对华战略出现重要调整，中美在网络空间的竞争和摩擦加剧。美国对中国实施严格的技术出口管制，单方面打压中兴、华为等中国科技企业，限制中美科技人员交流，既影响了中美两国产业界、科技界、学术界和社会公众的正常交往活动，也给各方造成了利益损害，严重破坏了网络空间国际秩序的公正性和合理性。面对这一局面，中国始终坚持平等、互利、诚信的磋商立场，主张通过对话协商解决中美问题，呼吁双方本着坦诚的态度，全面深入交换意见，妥善处理分歧，共同努力建设以协调、稳定、合作为基调的中美关系。

8.4.2　拓展中俄多层次网络交流与合作

2019 年是中俄建交 70 周年，两国关系发展迎来新机遇。2019 年 6 月，两国共同签署了《中华人民共和国和俄罗斯联邦关于发展新时代全面战略协作伙伴关系的联合声明》和《中华人民共和国和俄罗斯联邦关于加强当代全球战略稳定的联合声明》，双方将致力于发展中俄新时代全面战略协作伙伴关系。声明指出，双方将扩大网络安全领域交流，进一步采取措施维护双方关键信息基础设施的安全和稳定；加强网络空间立法领域交流，共同推动遵照国际法和国内法规进行互联网治理的原则；在各国平等参与基础上维护网络空间和平与安全，推动构建全球信息网络空间治理秩序；进一步推动在联合国框架下制定网络空间国家负责任行为准则，并推动制定具有普遍法律约束力的法律文件，打击将信息通信技术用于犯罪的行为。

在两国战略合作框架下，双方拓展多层次的网络交流与合作。2019年4月，第三届中俄信息通信技术企业交流会召开，来自中俄双方政府部门、科研机构、电信运营商、终端生产企业、互联网企业、软件服务企业等部门代表就网络基础设施、中俄信息通信技术企业合作进行交流。同年6月，中国互联网络信息中心与俄罗斯“.RU”注册管理机构就应对分布式拒绝服务攻击方面的网络安全、国际化域名技术合作、新兴技术应用、互建域名解析节点和加强人员交流等事项达成共识。

8.4.3 继续深化中欧网络空间合作

网络空间成为中欧双边合作的重要领域。2019年4月，第二十一次中国-欧盟领导人会晤就网络空间治理和技术合作方面达成共识，强调在维护开放、安全、稳定、可接入、和平的信息通信技术环境下，中欧双方继续加强网络交流合作，努力推动在联合国框架内制定和实施国际上接受的网络空间负责任的国家行为准则；在中欧网络工作组下加强打击网络空间恶意活动的合作，包括知识产权保护的合作；进一步巩固在2015年中欧5G联合声明基础上的对话合作机制，在5G技术合作领域深化务实合作。

8.4.4 加强中法网络空间治理交流合作

中法在维护世界和平安全稳定、维护多边主义和自由贸易、支持联合国发挥积极作用等重大问题上有着广泛共识。2019年3月，中国和法国发布关于共同维护多边主义、完善全球治理的联合声明，重申以《联合国宪章》为代表的国际法适用于网络空间，致力于推动在联合国等框架下，制定各方普遍接受的有关网络空间负责任行为的国际规范。两国将加强合作，打击网络犯罪以及在网络空间进行的恐怖主义和其他恶意行为。两国同意继续利用中法网络事务对话机制，加强相关交流合作。同期，中法全球治理论坛在法国巴黎举行，双方就促进全球数字经济创新发展、推动网络和数据安全国际合作、应对数字治理挑战等进行了交流。

8.4.5　加强中英互联网和数字政策合作交流

中英在互联网领域具有良好的合作基础。2019 年 4 月 9 日，中国国家互联网信息办公室和英国数字、文化、媒体和体育部共同主办的第七届中英互联网圆桌会议在北京举行，双方就数字经济、网络安全、数据和人工智能、儿童在线保护、企业间技术领域交流合作等议题进行交流，达成多项合作共识。会上，中英双方共同发布《第七届中英互联网圆桌会议成果文件》，同意加强互联网和数字政策领域的合作及经验分享，并重申“中英互联网圆桌会议”每年举办一次。

8.4.6　深化中德互联网经济交流合作

中德不断深化在互联网经济领域的交流合作。2019 年 6 月，由中国国家互联网信息办公室与德国联邦经济和能源部联合主办的“2019 中德互联网经济对话”在京举行。双方就推动合作共赢、反对贸易保护主义、维护网络空间和平安全、大力发展数字经济等问题达成共识，共同发布了《2019 中德互联网经济对话成果文件》，商定在政府层面加强并定期进行信息通信技术经济立法监管框架的交流，强调继续促进双边经济关系发展的意愿，努力为企业提供公平、公正、非歧视的营商环境，继续就网络安全标准化开展合作。

8.4.7 加强中意数字经济交流合作

意大利是七国集团中第一个正式加入“一带一路”倡议的西方发达国家，中意共建“数字丝绸之路”前景广阔。2018 年 10 月，中意数字经济对话成功举办，两国政府、企业、智库及学术界代表等近 200 人参与研讨，与会代表希望中意两国加强数字经济领域的交流与合作，未来不断开拓电子商务、大数据、人工智能、5G 网络、智慧城市建设等领域的合作。

8.4.8 深化中印互联网交流

中国和印度同为新兴经济体，中国的“互联网+”和印度的“数字印度”计划具有较强的互补性，合作潜力巨大。2018 年 9 月，第三届中印互联网对话大会在印度新德里举行，来自中印两国互联网公司的 600 多名代表参会，这也是中印民间最大规模的商业交流活动之一。与会代表围绕创投、物流、电商等 10 多个行业领域进行交流与分享，一致认为中印互联网企业合作前景广阔，中国投资为印度互联网科技市场带来新的发展机遇。一方面，印度有着庞大的潜在互联网市场，在互联网科技领域拥有巨大的发展潜力；另一方面，印度互联网科技市场面临着发展不平衡、市场规模小的挑战，需要中国的资金、技术和经验。与会各方对深化中印两国的互联网企业合作充满信心。

25 年前，中国通过一条 64kb/s 的国际专线全功能接入国际互联网，开启了中国的互联网时代。25 年间，中国互联网从无到有、从小到大、由弱渐强，取得了举世瞩目的发展成就。面对复杂多变的国际形势，中国坚持与世界同行，顺大势、行正道、谋共赢，始终坚持做互联网发展的贡献者、网络空间国际秩序的维护者、全球互联网治理体系变革的推动者，在世界舞台上展现出中国智慧和中国担当。中国坚持以共进为动力、以共赢为目标，与国际社会共同努力，构建更具生机活力的网络空间命运共同体，必将推动互联网更好地造福世界各国人民！

后　记

经过25年波澜壮阔的发展历程，中国已成为举世瞩目的网络大国，探索走出了一条具有中国特色的治网之道，为世界互联网的发展贡献了中国经验、提供了中国方案。2019年，中国坚持以习近平新时代中国特色社会主义思想，特别是习近平总书记关于网络强国的重要思想为指引，深刻把握信息化发展的历史机遇，互联网发展治理取得新的重大成就。我们希望通过《中国互联网发展报告2019》（以下简称《报告》）的编撰，深入宣传阐释习近平新时代中国特色社会主义思想，特别是习近平总书记关于网络强国的重要思想，全面展现中国互联网发展状况，系统地总结中国互联网发展治理经验，科学地展望中国互联网的发展前景，更好地推动中国互联网发展。我们也希望通过问道中国互联网发展，为世界各国互联网发展治理介绍中国经验、贡献中国智慧。

《报告》的编撰得到了中共中央网络安全和信息化委员会办公室（以下简称中央网信办）的指导和支持。中央网信办领导对《报告》给予了具体指导，网信办各局各单位对《报告》编写工作特别是相关数据和素材内容的提供给予了大力支持。《报告》由中国网络空间研究院牵头，组织国家计算机网络与信息安全管理中心、中国信息通信研究院、北京大学、北京邮电大学、中国科学院信息工程研究所等机构共同编撰。参与人员主要包括杨树桢、方欣欣、侯云灏、李欲晓、李长喜、刘少文、冯明亮、晁宝栋、李志高、田友贵、龙宁丽、唐磊、李民、刘岩、姜伟、南婷、赵彦伟、韩云杰、董中博、王海龙、李博文、沈瑜、李晓娇、王猛、王晓帅、马腾、赵高华、谢祎、李玮、许修安、何波、贾朔维、杨笑寒、孙路漫、田原、杨舒航、肖铮、宋首友、吴巍、张琪苑、高珂、陈静、袁新、徐艳飞、徐雨、李阳春、邓珏霜、蔡杨、王忠儒、杨学成、隋越、谢新洲、丁丽、王小群、徐原、孟楠、周杨、陈恺、牟春波、赵丽、金钟、武延军、种丹丹、刘绍华、李帅、辛勇飞、何伟、孙克、郑安琪、汪明珠、续继、胡时阳、金江军、王理达、郎平、谢永江、王伟、刘越、郭丰、方禹等。

《报告》的顺利出版也离不开社会各界的大力支持和帮助，但鉴于编写者的研究水平、工作经验和编写时间有限，《报告》难免存在疏漏和不足之处。为此，我们殷切希望国内外政府部门、国际组织、科研院所、互联网企业、社会团体等各界人士对《报告》提出宝贵的意见和建议，以便今后把《报告》编撰得更好，为全球互联网的发展贡献智慧和力量。

中国网络空间研究院

2019 年 9 月